U0008448

創新有理

程天縱

讓創新遍地開花的心法與實踐

改變,才能勝出!
無法創新的企業必定會被淘汰,
然而需要創新的又豈止是企業?

本書引領你思考不同面向的創新可能,
從Metaverse、共享經濟、餐飲業,
到宗教、政治、人生,
讓企業永續成長,也讓生活展現全新風貌!

中國惠普前總裁、德州儀器前亞洲區總裁、
鴻海集團前副總裁、富智康前執行長
程天縱 著

CONTENTS

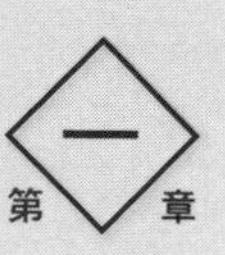

第一章　Metaverse帶來的新時代

從製造業的角度看創新

第三章

餐飲業需要改革創新

第四章 遍地開花的創新

推薦序

創新，創造獨特價值

何飛鵬／城邦媒體集團首席執行長

讀完天縱兄的《創新有理》後，首先為讀者感到高興、慶幸，這是一本不可多得的好書，重要的書。其次，為天縱兄審視事物的高度、視野的廣度、分析鞭辟入裡的深度，以及融合深厚實務經驗之後，深入淺出的文字力度，再次折服。

創新是當代企業經營最重要的話題，是企業競爭、成長的關鍵。在創新這個主題，有二本書給我巨大的啟發，翻轉了我的逆境。一本是現代管理學之父彼得．杜拉克（Peter F. Drucker）的《創新與創業精神》（*Innovation and Entrepreneurship*），一本是已故哈佛大學（Harvard University）克雷頓．克里斯汀生教授（Clayton M. Christensen）所著的《創新的兩難》（*The Innovator's Dilemma*）。而後者的創新概念，基本上是前者的延伸。

閱讀《創新有理》，我不時會想起《創新與創業精神》。例如，天縱兄在第三章以餐飲業作為分析對象，直言餐廳業者訂定不友善的規定，只會掩蓋管理問題、流失回頭客，更會扼殺創新能力，也在文章中以麥當勞（McDonald's）、鐵板燒、無菜單料理等例子，說明餐飲業的創意與創新作為。

杜拉克在《創新與創業精神》寫到，一對夫妻在美國郊區開了一家墨西哥餐館，如果他們沒有創造出一種新滿足，也沒有創造出新的消費者需求，那就不算是創業家。

他們確實冒了一點風險，他們確實開創了自己的新事業，他們是在「創業」，但不是創業家，因為他們沒有任何「創新」。我瞭解到，如果你「創業」但「沒有任何創新」的話，只能說是「找個工作來餬口」。這樣一般的創業，沒有打破市場的均衡，失敗率就很高，大多數人只想開個店做生意，沒想過要創新。

這時，再看一次天縱兄的標題：〈餐廳老闆，你在創業嗎？〉讀者一定會有更深一層的體悟。你會去想：我的創業是哪一種？有創新的嗎？還是沒有創新的那種？

又如，天縱兄提到，趨勢觀察機構在分析「後人口統計模型的消費行為」（Post Demographic Consumerism），也在文章中大力強調「不要忽視消費者的力量」，因為這股力量就是消費性市場的「地心引力」，造成鐘擺效應。企業提供的消費體驗，會決定顧客是要回流，或永不回頭。而「人口變動」正是杜拉克認為會驅動創新的企業外部三變因之一。

此二例子，希望讓讀者理解，二十年前，我連理解「創業精神」的意義都很困難，勉強把《創新與創業精神》生吞活剝地讀完。後來重讀了幾遍，才豁然貫通，看出一些趣味，並且能運用在企業經營實務。

而現在市場上有這本《創新有理》，讀者們何其幸運，能透過台灣本地的案例，透過天縱兄的條理分析，不僅看到創新的肌理，如果多加思考，多讀幾遍，還能領略創新的精髓。

落實到個人層次，創新更無華麗、艱深的語彙，任何打破現狀、打破平衡，嘗試改變，以獲得不同結果的作為，都是創新的可能來源。

工作做久了，自然會產生既定的工作流程，甚至有SOP，但只要願意嘗試改變，可以「用不一樣的方法去做一樣的事」。工作的流程方法是可以改變的，從執行面去降低成本、提高效率，對公司而言是求之不得的好事，對工作者、管理者而言，則會因為設定目標、面對挑戰，而有所學習、有所成長，產生更高的自我實現。

知道要改變，這是態度，但也要具備改變的能力，才能真正做到創新改變。第一步就是要徹底瞭解所有的新生事物。

這些年，網路世界就是新生事物，所有變革都圍繞著網路世界而變動，因此第一步就是要徹底理解網路世界，與時俱進。從手機、雲端、大數據，到人工智慧（artificial intelligence, AI）、區塊鏈（block chain）、自動語音辨識（automatic speech recognition, ASR）、加密貨幣（cryptocurrency）、非同質化代幣（non-fungible token, NFT）等，這些網路新興事物，必須及時掌握，才有可能從中找到創新和應用的機會。

本書的章節安排，便與此有所呼應。第一章藉由目前最火熱的元宇宙（Metaverse）與Roblox這家公司，帶領讀者瞭解科技產業的創新與創業。第二章則從製造業來看創新，分析共享經濟、共享辦公室，更從製造生產的角度解析多種餐飲獲利模式。第三章從餐飲業的不友善規定出發，十足精彩，不僅餐飲業的讀者需要仔細研讀，所有從事服務業的讀者，若能靜心深思，取其真義而用之，必定都能有所斬獲，達到天縱兄一向倡議的「跨界創新」。

本書第四章再將視野擴大，一如作者所言，創新非僅工作挑戰，而是一種生活態度，生活中的許多層面，從科技業、餐飲業，到宗教、政治，甚至人生的進程，都能找到創新的契機。

創新改變可能沒有結果、徒勞無功，更可能做錯失敗，使你受到一點傷害。但是不改變絕對不會有更好的結果，而且日子久了，個人和組織都可能成為一灘死水，連現狀都保不住。拒絕改變、拒絕創新，就是拒絕進步、拒絕傑出，只會變壞，不會更好。

天縱兄的第六本著作《創新有理》，一樣是重磅推出、擲地有聲，文章篇篇精彩，值得反覆咀嚼。希望每一位讀者都能「有感覺」、「看得懂」、「用得出」，藉由創新，讓事業與工作獨具價值、永續成長，也讓我們擁有更豐富的人生！

自序

跨界才能創新，創新才能勝出

自從退休後開始輔導新創，至今已經接近十年、輔導超過六百家新創公司。在這些新創公司之中，能存活下來的極少，能發展壯大的更是稀少。

如果碰到軟體應用相關的新創，我偶爾會請在美國的大兒子Jerry幫忙看看商業計劃書，給我一點意見；畢竟，這是他的專業領域。

Jerry在看完新創的商業計劃書之後，往往會問我一句：「看不出有什麼特色或差異。你應該問問這家新創：在這個領域裡面已經有許多公司存在，為什麼要多增加他這一家？」

他說的沒錯。我反覆思考之後發現，新創的問題往往就在於創業計劃中，其實沒有任何「創新」，只是讓客戶在眾多現有商家之間增加了一個選擇。

科技領域的新創都已經如此了，更何況是傳統產業的新創？創業失敗率這麼高，究其原因就在於創業者空有「想當老闆的欲望」，卻沒有「創新」作為基礎。

我曾經和許多傳統產業中的創業者交流過這個問題。得到的回答往往就是：「之所以叫做傳統產業，就是很難創新啊。」

但是，傳統產業人士不必回顧過去百年的歷史，只要看過去二十年，就會發現，高科技和網路正在快速地改變著這個世界。

在科技浪潮的衝擊下，許多產業在加入科技因素之後，「傳統」和「創新」的界線已經變得相當模糊；如果抬頭看一看，我們可以發現，其實已經沒有所謂的「傳統產業」了。

這一切的改變，就來自於快速的、不斷的「創新」。

出版社給我的第一份新書企劃案，是著重於「創業」、以「創新」為輔；所以他們建議的書名維持了我過去四本書的風格，叫做《創客創業導師程天縱的創業力》。

我否決了這個方案，建議他們重新思考，只以「創新」作為這本書的主題。

既然要創新，就要改變風格，連書名也都要有創意；於是在眾多的建議中，我選擇了我的私人編輯傳瑞德的建議：《創新有理》。

創新的起點：想像力

儒勒．加百列．凡爾納（Jules Gabriel Verne，一八二八—一九〇五；或譯朱爾．凡爾納）是一位著名的法國小說家、劇作家、詩人。

他以大量著作和突出貢獻，被譽為「科幻小說之父」。如果沒有聽過他的名字，那麼應該聽過他的這些著作：《海底兩萬里》（*Vingt mille lieues sous les mers*）、《地心歷險記》（*Voyage au centre de la Terre*）、《從地球到月球》（*De la terre à la lune*）、《環遊世界八十天》（*Le Tour du monde en quatre-vingts jours*）、《神祕島》（*L'Île mystérieuse*）、《氣球上的五星期》（*Cinq semaines en ballon*）等等。

由於凡爾納的知識非常豐富，所以他小說中的描述大多有科學根據；當時書中的許多幻想，也都成為後來的技術發明。

我最喜歡他說過的一句話：**但凡人能想像之事，必有人能將其實現。（Anything one man can imagine, other men can make real.）**

因此我認為，創新的起點，就源自於豐富的「想像力」。

西方教育注重給予孩子們有趣的問題，然後讓孩子們自己去找答案；在這個過程當中，就激發了孩子們的想像力。

很不幸地，華人教育大都是建立在既定的問題和標準答案上；因此在教室裡，「問題多的孩子」就成了「問題學生」，對標準答案不信服的學生，往往就成了頑劣學生。

這種在既定框架裡教育出來的學生，想像力就被限制住了；沒有想像力，就無法創新。所以在高科技領域，我們往往不能扮演一個領航者（pioneer），只能夠當個跟隨者（follower）。

創新的目標

二〇一三年九月，我到美國舊金山和矽谷，接連拜訪了幾家創客空間，以及創客成立的新創公司；在這段旅程當中，我了解到「創意」、「發明」以及「創新」的區別。

「創意」與「發明」的差別，在於「創意」只是一個想法，「發明」則是動手把創意實現。

在參觀位於美國舊金山市區一家名為「Noisebridge」的創客空間時，我注意到角落放著一個垃圾桶，上面的牆上貼著一張海報，寫著大大的一行字：**Please throw your ideas into the garbage tank!**（請把你的點子丟進垃圾桶！）

因為，沒有去「實現」的創意，就是垃圾。

如果真的動手去實現「創意」，而創造一種新的產品、技術或是工藝，這只能叫做「發明」。

而「創新」則是把「發明」商業化，形成一個新的產業；它不但會帶動一整個供應鏈，而且會創造出一個新的產業生態系統。舉個例子來說，雖然愛迪生（Thomas Edison）發明了燈泡，但創造了照明產業的則是飛利浦（Philips）和奇異（General Electric, GE）二家公司。

從「想像力」開始，激發了「創意」、動手做出了新「發明」；加以商業化之後，創造了一個新的「產業」，這就是整個「創新」的過程與結果。

因此，我們可以這樣總結：「創新」是以「想像力」為起點，而以成功的「創業」為終點。

第一部分：Metaverse帶來的新時代

起心動念寫這幾篇文章的原因，來自我大兒子Jerry在二〇二〇年初，也就是疫情剛起的時候，決定離開原先的公司，尋找新的工作機會。

當時除了已知中年轉業的風險之外，疫情突然爆發、就業市場萎縮，還增加了可能因為找不到工作而失業的風險。

幸運的是，在美國各州開始因應疫情而發佈「就地避難令」（shelter-in-place order）之前，Jerry在舊金山機場附近的Roblox公司找到了新工作。

更沒想到的是，這家五百人的小公司，在疫情期間竟然逆勢上漲，二〇二一年三月在紐約證券交易所（New York Stock Exchange）直接掛牌上市，至今市值已經達到六百五十億美元。

為了讓讀者們了解Roblox是一家什麼樣的公司，我在二〇二〇年六月開始，寫了這系列的文章來分享。

最重要的是，在二〇二〇年初時，Roblox的創辦人兼執行長戴夫．巴斯祖基（Dave

Baszucki）在接受採訪時就說過：

> 我們只要專注於為Roblox開發者社群提供工具與資源，使得他們可以開發更大、更複雜、更有真實感的體驗，讓他們的想像成真，我們就可以一起創造一個Metaverse。
>
> （Our focus is to give developers the tools and resources they need to pursue their vision and create larger, more complex, more realistic experiences and collectively build the Metaverse.）

當時大家還不太瞭解，也不太在意Metaverse到底是什麼東西。

但是在二〇二一年十月二十八日，臉書（Facebook）正式宣布改名為「Meta」，並表示未來集團目標就是發展「元宇宙」（Metaverse）。一夜之間，Metaverse變成了高科技產業最新潮、最知名的口號。

Roblox的發展歷史可以讓讀者們瞭解，這家成立於二〇〇四年的公司經過多次轉型升級，才具備了實現Metaverse的能力。

Jerry前幾天告訴我，Roblox的平台不再只是九到十二歲兒童的Metaverse；大企業、大品牌也紛紛進駐Roblox平台，除了建立起自己品牌的虛擬商店之外，還開始銷售限量的虛擬商品，例如Nike的球鞋、路易威登（Louis Vuitton）的包包等，而且價格比真實世界的實體產品還要貴。

對於Metaverse的瞭解需要想像力；而對於Metaverse所帶來的應用和商機，更加需要不受限制的創意。

第二部分：從製造業的角度看創新

熟悉我文章的讀者都知道，我經常提到「跨界才能創新」，這個看法來自二〇〇四年由瑞典裔美籍企業家法蘭斯．約翰森（Frans Johansson）撰寫的《梅廸奇效應》（*The Medici Effect*）這本書。

這個名詞源自十五世紀的義大利。當時在佛羅倫斯經營銀行業的梅迪奇家族，架構了一個有利於各種活動進行的平台，吸引了各行各業的菁英聚集交流；這個平台造成了創意勃發的現象，導致歐洲文藝復興時代的開啟。

因此，約翰森將經由跨界的知識碰撞所產生的創新，稱為「梅迪奇效應」。

戰國四君子之一的孟嘗君，也養了三千食客，其中不乏有本事之人；可惜孟嘗君是為名聲及私心而收留食客，而且食客俱是桀驁不馴之人。他們互相瞧不起，更不會有跨界的交流，否則中國也早在戰國時代就有文藝復興了。

這個部分的五篇文章，就是從製造業的角度來看其他產業的創新。製造業和服務業在本質上沒有什麼差別，因為「服務」也可以是「產品」。任何產業都需要有產品，也都需要考慮產品如何生產的問題。我在過去寫的文章裡，多有著墨，本書只收錄新寫的五篇文章。

這五篇文章從「共享經濟」談起，接著談「共享辦公室」，都是從製造業的角度來探討這個新的經濟模式。

這幾篇文章發表於二〇一九年十月，沒想到幾個月後就爆發了新冠肺炎（COVID-19）疫情，於是工作模式就進入了在家工作（work from home, WFH），世界各國的辦公大樓幾乎都處於閒置的狀況下。

透過電腦和網路，「家」不僅成為辦公場所，也成為了教室、生日派對、畢業典禮的地點，Metaverse已經悄悄地來臨，而疫情就是促成Metaverse的臨門一腳。

但是，實體世界會消失嗎？這個時候是不是更應該發揮一下「想像力」？

本章節的最後一篇文章，恰好以餐飲業的創新為例，如果一切都可以虛擬化的話，吃喝一定會是實體世界的最後堡壘。從事餐飲業的讀者們，千萬不要錯過這篇有趣的文章。

第三部分：餐飲業需要改革創新

我之所以選擇餐飲業作為討論的案例，除了因為餐飲業是最有代表性的服務業，幾乎所有人都有過接觸和體驗之外，似乎也是台灣年輕人創業的首選。甚至我自己在過去幾年之中，也輔導了幾家餐飲領域的新創。

如果沒有創新，餐飲業的新創就不會差異化；在投資相對不需要很多、「進入障礙低」的情況下，想創業當老闆的年輕人就會蜂擁而入，在殺價競爭之後，把餐飲業變成了一個「低報酬」的產業。

由於投資低，相對地也就是「退出障礙低」，於是餐飲業又變成了一種「低風險」的產業。

即使在疫情影響頗大的這二年，在競爭激烈、不賺錢甚至虧損的情況下，一看苗頭不對，退出市場的業者也非常多；在有進有出的情況下，業者的總數維持一定，使這個行業形成了比較穩定的局面。

因此，對於台灣的餐飲業，如果沒有任何改革和創新的話，我可以這八個字「穩定、低報酬、低風險」作為總結。

這樣的產業，是值得年輕人投入和創業的嗎？於是我寫了五篇文章，深入談一下台灣餐飲業的現況，和需要改革創新、創造新商機的機會。

第四部分：遍地開花的創新

為什麼企業也有生命週期？為什麼大企業最後都會衰退、滅亡？原因眾說紛紜，但是我認為主要原因就是「大企業無法創新」。

回顧歷史，我們可以發現「創新來自街頭，創新來自長尾」；因此這個章節的第一篇文章，就圍繞著這個主題來展開。

既然創新可以來自街頭、可以來自長尾，當然不僅限於產業界，創新可以無所不在！在高科技和網路的時代，許多人都誤以為，只有高科技產業才與創新有關；視野寬廣一點的人或許會認為，不分高科技或是傳統產業，不分製造業或是服務業，都需要創新。

如果我們把視野的高度再提升、廣度再擴大，環顧我們生活的環境，工作只是一小部分；難道工作之外的其他領域，就不需要創新嗎？

這個章節的九篇文章，嘗試著帶領讀者走進宗教、政治、民主、政黨，甚至於人生；這些存在於我們每天生活中，又如同空氣、陽光、水一樣不受注意的事物，鮮少有人將它們與創新聯想在一起。

結語

雖然科技浪潮衝擊著產業，帶來新的技術和產品、改變了我們的生活方式，但是科技浪潮對於這些影響我們生活甚鉅的領域，似乎有著一層厚厚的絕緣體，毫無影響。

這些領域真的是創新的禁地嗎？為什麼我們都如同溫水裡的青蛙，對於這些長久以來缺少改變的領域，都全盤接受，而不去挑戰呢？既然每個人都可以創新，那就讓我們嘗試看看，脫離傳統思考的限制、走出舒適圈，挑戰這些不可動搖的城堡。

台灣彷彿是一個孤島，在大國的矛盾中擔任一顆棋子的角色；甚至有些專家認為，台灣是世界上最危險的區域，衝突與戰爭隨時都可能爆發。

我們可以自我安慰說，台積電是護國神山，半導體產業是護國群山；有了它們的存在，台灣就是安全的。這些說法或許是對的，但是仔細想想，這世界上真的有吃不完的祖產嗎？真的有攻不破的城池嗎？

希望閱讀完這本書以後，可以說服讀者們，唯有「遍地開花的創新」，才能夠真正保護台灣。

第一章

Metaverse帶來的新時代

找到最適合自己的定位，創造個人價值

大企業人才濟濟，尤其不缺金字塔中高層的管理和技術人才。正在成長發展的高科技中小型企業，尤其是標榜著人性化管理的，反而求才若渴。所以，個人的價值，端看是否擺在「需要你的地方」；放對了位置，才能獲得認同。

我的大兒子Jerry，在二〇一九年十月離開了服務三年半的前東家，二〇二〇年二月十四日開始在新公司上班。這段中年求職經驗的過程頗為曲折，於是我徵得Jerry同意，分享給讀者們。

Jerry在二〇〇七年取得加州大學洛杉磯分校（UCLA）的電腦（CSE）博士學位後加入雅虎（Yahoo），幾年後被挖角到一家中型企業，一直從事行動終端app的軟體開發工作。

約莫四年前，從事IT軟體開發工具的前東家，透過獵頭公司找上了Jerry。他們希望成立新的行動軟體開發部門，將原本非常倚重雲端服務和伺服器的產品線，擴展到行動應用領域。

Jerry仍然維持著「總監」（Director）頭銜，成立並帶領一個接近三十人的行動應用軟體開發部門。經過三年半的努力，由於原東家在雲端服務領域的包袱太重，加上內部的權力鬥爭和政治因素，公司決定將原本直屬於總部的行動部門打散，分配到其他伺服器產品線。

中年轉職

由於Jerry的專業在矽谷是稀有資源，於是他決定在二〇一九年十月主動離職，趁機休息一下；休息了好一陣子之後，Jerry直到過完耶誕和元旦假期，才開始認真找工作。

以開發網路軟體為專業的Jerry，一直對FAANG（指臉書（Facebook）、蘋果（Apple）、亞馬遜（Amazon）、網飛（Netflix）與Google五家美國科技巨擘*，也合稱為尖牙股）念念不忘，於是準備好簡歷就直接用電子郵件寄出去。果真有二家回覆，並且安排了面試。

萬萬沒想到的是，這二場面試居然無視Jerry的經驗與頭銜，要求做「白板測試」，也就是當場出題目，要Jerry直接在白板上寫程式（coding）。已經擔任軟體開發管理職多年的Jerry當場傻眼，並沒有在限定時間內將程式寫完。後果可想而知，只能說Jerry與這些大企業沒有緣分吧。

這也讓中年轉換跑道的Jerry求職壓力大為增加，心裡不免擔心起來：萬一接下去幾個月找工作都不順利，那麼家庭的開銷怎麼辦？但個性倔強的他，堅持不透過人情去找機會，而是自己在網路上尋找正在求才的高科技公司，然後自己投履歷。

他也不再執著於類似FAANG的大企業，而是把範圍擴大到中小企業，甚至稍有規模的新創高科技公司。地理範圍也不限於矽谷，一路擴大到舊金山。

畢竟Jerry的經歷和專業，在矽谷還是稀有資源，尤其對中小型高科技企業更是如此。經過一個多月的努力求職、一連串的面試之後，有三家公司令Jerry難以取捨。

第一家：提供團隊專案管理軟體的公司

Asana是一家提供團隊專案管理軟體的公司，與Jerry的前東家是直接競爭對手，但是規模小很多。根據維基百科（Wikipedia）的介紹：

Asana產品是一個網路和行動應用，它的設計是為了改善團隊交流和協同運作的方

---

* 臉書於二〇二一年十月將公司名稱改為Meta，Google則於二〇一五年八月重組並更名為「字母」（Alphabet），原Google成為集團下的搜尋子公司。

式。臉書四個創始人之一的達斯廷・莫斯科維茲（Dustin Moskovitz）在二〇〇八年離開臉書，與賈斯汀・羅森斯坦（Justin Rosenstein）一起創辦了Asana。在臉書時，他們二人一起工作以改善其員工的工作效率。Asana如今被數以千計的團隊所使用，其中包括公司如推特（Twitter）、Foursquare、領英（LinkedIn）、Disqus、Airbnb、Rdio、AdParlor、Flapps、GDG Shanghai、TECH2IPO、優步（Uber）和Entelo。

關於莫斯科維茲，網路上也多有介紹：二〇〇四年他與包括馬克・祖克伯（Mark Zuckerberg）在內的三位哈佛大學（Harvard University）室友一起創辦了臉書。

二〇一一年三月，《富比士》（*Forbes*）雜誌以莫斯科維茲擁有七・六%的臉書股份，將他列為世界上最年輕的自主創業億萬富翁，因為他比祖克伯的年紀還小了八天。在二〇一九年的美國四百富豪榜上，他以一百一十六億美元的資產排名第四十名；二〇二〇年三月，他的資產增加到一百二十億美元。

第二家：難以界定的網路遊戲公司

第二家是Roblox，我對這家公司完全不瞭解，Jerry也說不清楚它是做什麼的，他只簡單地說「是一家網路遊戲公司」。我上網查詢，只能得到以下的簡單資料：

Roblox原名GoBlocks，後期改為DynaBlocks，現名Roblox；在二〇〇四年一月三十日正式成立。Roblox是該公司推出的大型多人線上遊戲創作平台，所有的遊戲都是由玩家創造的。

難以取捨

在最後面臨決定之際，Jerry非常煩惱，因為二家都是非常優秀的公司。

由第三方市調機構「卓越職場」（Great Place to Work）所做的「二〇一九年舊金山灣區最佳工作環境」（Best Workplaces in the Bay Area 2019）調查顯示，Asana排名第一。它總部位於舊金山市區，歸類在IT產業，美國員工四百五十七人，屬於中型企業。

這份針對企業員工滿意度所做的調查中，典型的美國企業平均得分為「五九％滿意」；但有高達九八％的Asana員工認為，這家公司是一個非常棒的工作環境（great place to work）。

在問卷調查中，得分最高的五個問題如下：

一、管理階層的經營行為是誠實而且符合企業倫理的：九九％
二、我願意驕傲地告訴別人自己在這家公司工作：九九％
三、這裡的每個同事都關心彼此：九九％
四、管理階層的經營能力非常理想：九八％
五、每位員工都肩負了相當程度的責任：九八％

那麼Roblox呢？排名第十六。它的總部位於舊金山機場南邊的聖馬提歐（San Mateo），歸類在媒體（media）產業，美國員工五百六十五人，也屬於中型企業。

有九一％的Roblox員工認為，這家公司是一個很好的工作環境；在問卷調查中，得分最高的五個問題如下：

一、我可以在需要時自行休假：九七％
二、我願意驕傲地告訴別人自己在這家公司工作：九六％
三、這裡的每個同事都關心彼此：九五％
四、每位員工都肩負了相當程度的責任：九四％
五、當我加入這家公司時，氣氛讓我覺得自己受到歡迎：九四％

有興趣了解這個調查報告的讀者們，可以透過https://bit.ly/BWBA2019查看「二〇一九年舊金山灣區最佳工作環境」這篇文章。

決策分析

在Jerry不知如何決定時，我們經常在網路上討論，考慮的因素大致如下。

一、整體報酬

Asana提供的現金薪資較低，但是提供數量較多的限制型股票（restricted stocks），也就是說，股票是由公司贈送的。而且Asana積極尋求上市，今（二〇二〇）年之內有機會成功，屆時由股票得到的資本利得會相當高。

至於Roblox，現金薪資比Asana高二五%，但只提供數量有限的選擇權股票（stock options），也就是員工還要自己出錢買公司的股票，如果未來股價有增值，員工才會有資本利得。

由這二家公司給的條件來看，Asana比較缺現金，因此反映在薪資上；另外，這也說明了公司積極尋求上市的原因。反觀Roblox現金充沛，寧可給高一點的薪資、少給股票，以免稀釋了股東的股權；這也可以看出來，公司的營收不錯，現金流是正向的。

但從Jerry的角度來看，雖然Roblox的財務和營運比較穩定而健康，但Asana給的條件比較好。這就是所謂的「一鳥在手，勝過十鳥在林」。

二、交通與家庭生活

Jerry是一個非常重視家庭生活的人。每年一定要有幾次休假，帶著一家人去法國回娘家、回台北探望我和爺爺奶奶，或是出國度假。週末時，也經常帶小孩去遊山玩水，或是去露營。

Asana總部在舊金山市區。大灣區的交通非常糟糕，如果自己開車從山景城（Mountain View）去上班，大部分時間都會塞在車陣裡，單程少說也要一個半到二個小時。

另外一個選擇則是搭火車，車程大約一個小時；但到了舊金山市區以後，還要走路半個小時，才會到達上班的地方。

不管哪種選擇，每天花在上下班交通上的時間，都至少三到四個小時。短時間或許還可以忍受，但是時間長的話，家庭生活一定會受到影響；孩子的上學接送，也是個大問題。

Roblox總部則是在舊金山機場南邊的聖馬提歐；只要避過尖峰時間，上下班開車還是很方便的。即使碰到尖峰時間，也是在可以忍受的範圍之內。對家庭生活的影響不會很大。

三、工作上的增值與風險

Asana與Jerry的前東家是競爭對手，同屬於ＩＴ軟體產業。前東家規模較大，也因此背上大企業轉型困難的包袱；雖然有心推動行動終端的應用和產品，但是終究抵不過公司主流產品線的政治鬥爭，最後還是失敗了。

Asana是後起之秀，規模比較小，但包袱也比較輕，因此在行動終端方面的應用推得比較積極、比較成功。這是吸引Jerry的地方。

從ＩＴ團隊專案管理的領域來看，Jerry已經有近四年的軟體開發經驗，自然駕輕就熟，工作上也比較有把握。

Roblox則是一家線上遊戲公司，上述的員工滿意度調查還將它歸在「媒體」產業。說實話，當時我們在討論的時候，實在搞不清楚這是一家什麼樣的企業。

Jerry對他們的技術和產品也有一些顧慮。先拋開他們的商業模式不談，他們在網路平台和產品上所用的最底層軟體系統，雖然有iOS和安卓（Android），但也加上了很多他們自己研發的軟體技術。再往上生成的系統、工具、軟體應用，大部分都是過去十幾年來自己研發的技術；簡單一點來說，他們就是一個封閉的系統。

這一點對於吸引人才、招聘員工來講，Roblox會居於劣勢。在矽谷工作的高科技人才，大部分都希望能夠加入開放式系統的公司；因為在開放式系統公司裡累積的經驗，將來都可以用於其他公司。而且在開放式系統公司上班的話，上手會比較快；如果在技術自創、建構封閉式系統的公司，就要經過一段長時間的學習曲線，才能夠順利上手。

另外還有一點Jerry很重視的，是職務內容。

由於Jerry十幾年來的工作都圍繞著行動終端軟體開發，鮮少接觸到「後端」（back end）的系統開發，於是被定位為「邊緣／端」的軟體技術人才，而不是「雲」的軟體技術人才。

雖說現今的軟硬體設備和技術趨勢，都是由「固定」走向「行動」，但是從系統架構來看，一直是「中央」控制「地方」。在高科技產業也是一樣，「端」還是受到「雲」的控制，「雲」占據著絕對的優勢。

從軟體開發技術人員的薪資和升遷，就可以看到明顯的差別；這也是Jerry內心的痛。因此，他在轉換工作的時候，都想辦法爭取前台和後台、端和雲兼顧的職位，以免被定性為行動端的人才。而Asana的工作以行動端為主，但是兼負有後台系統開發與整合，比較符合Jerry的期望。

至於Roblox的工作，則完全是行動端app的軟體開發。終端部分則是包羅萬象，不似過去都專注在手機平台上；包括各種各樣的終端，如手機、平板、筆記型電腦、桌上型電腦、遊戲機等等。

作業系統也是各式各樣，包括iOS、安卓、視窗（Windows），以及其他專用或訂製系統。

四、產業的前景

如同前面提到的，Asana屬於ＩＴ產業，而Roblox則很難定性。網路上有許多評論，認為Roblox是遊戲（gaming）產業，員工滿意度調查認為他們是媒體產業，投資者認為他們是社群網絡（social networking）產業。

我給Jerry的意見是，提升產業高度來看，Roblox是網路（Internet）產業；ＩＴ產業已經是非常成熟的產業，而網路則是方興未艾，一波又一波，未來發展前景仍充滿著機會。

五、個人感受

如同員工滿意度調查中提到的高分項目，Roblox在接待新員工和面試人才方面表現出色；從得到很高的員工滿意度，就可以略知一二。

在Roblox面試完後，Jerry立即告訴我，他去ＦＡＡＮＧ等級的大企業，受到的待遇等同於剛畢業的大學生；但Roblox不僅僅在大廳就有放上Jerry名字的歡迎標語，而且還送了整套客製筆記本和文具給他作為禮物。

Asana也不遑多讓。Jerry除了見到了所有的「長字輩」（CxO）等級高階主管之外，還跟創辦人莫斯科維茲單獨談了半個多小時，充分感受到了他們的誠意。

莫斯科維茲在矽谷是個傳奇人物，擁有很多的粉絲和追隨者；能夠和他見面已經是非常難得的機會，更何況在他的企業裡一起工作？這一點非常吸引Jerry。

這二家企業為了爭取Jerry，確實花了不少功夫；除了跟最高層的「長字輩」都面試過以外，在第二次、第三次面試的時候，也都安排Jerry與未來的屬下團隊見面聊聊。

結語

Jerry面臨中年轉業的煩惱，而我參與了整個過程，瞭解他心情的上下起伏，這是個非常難得的經驗。

剛開始找工作時，他還是嚮往FAANG等級的大企業；過去嘗試過而又得不到的，總是人生中的憾事。

而這次的經驗則讓他體會到：**個人的價值，端看是否擺在「需要你的地方」**。

大企業人才濟濟，尤其不缺金字塔中高層的管理和技術人才。正在成長發展的高科技中小型企業，尤其是標榜著人性化管理的，反而求才若渴；也因為如此，Jerry的價值才會獲得認同。

Jerry也覺得自己非常幸運，因為他在美國疫情爆發前，就順利找到了理想的工作，二月中前往新公司報到；而短短二個星期之後，就開始在家上班（work from home, WFH）。

如果你是Jerry，你會選擇Asana還是Roblox？

面對未來，透過計劃與執行來掌握自己的命運

當我們在找工作的時候，都會準備履歷、接受面試、被不同的人面試好幾次，甚至會有「三堂會審」般的共同面試出現。不過，如果已經到達這個地步，還算是好消息：表示你還沒有被刷掉。

你應徵的公司在做最後決定之前，有時還會要你提供幾位前主管的名字和電話號碼，以便查證你之前的工作表現，這就叫做「資歷查核」（reference check，也稱背景查核）。Asana和Roblox這二家公司也不例外。即使他們再怎麼喜歡Jerry、努力爭取他加入公司，還是要求他提供可做資歷查核的聯絡對象。

反過來看，當我們在找工作的時候，對於我們所應徵的企業有多少瞭解？我們會像企業查證我們一樣那麼仔細嗎？

從買賣的觀點來看，企業是買方、找工作的人是賣方；既然賣方要盡力推銷自己給買方，那麼從談判的角度來看，雙方地位就已經不平等了。

但是從資訊對不對稱的角度來看，如果應徵者不是名人，在網路上可能很難找到詳細的個人資料；但如果是徵人的企業，在網路上就應該可以找到很多資料。

所以企業在面試應徵者的時候，除了透過履歷、面試來瞭解應徵者之外，往往還會要求要提供資歷查核。反過來說：**我們是否也應該更深入瞭解我們去應徵的企業？**

我們除了可以在網路上仔細搜尋資料、設法瞭解企業之外，還可以動用人脈，在網路社群找到正在或是曾經在這家企業上班過的人，也來做做資歷查核，就更加牢靠了。

對企業來說，即使最後挑選的人不對，對公司本身的影響也不是很大；但對於個人來說，這可是影響你職業生涯甚至未來命運的重要決定。

企業都可以這麼盡責、主動地去瞭解應徵者，以確保不會犯錯，那麼為什麼大部分人都沒有做好自己的功課，去深入瞭解自己所應徵的企業呢？

我在收錄於《每個人都可以成功》書中的〈不管世界公不公平，命運都可以自己改變〉一文提到：「我們做任何事情，自己不去思考計劃和執行的話，我們就是把自己交在命運的手裡。當我們自己不去掌控的時候，命運就會接手掌控我們。」

做好「知彼」的功課

Jerry在網上搜尋工作機會時，只要是決定要投履歷的公司，必定會深入瞭解一下；在網路時代，這並不是很困難的事。一方面確定這是他願意貢獻自己價值的企業，二方面也修改一下自己的履歷，更加符合對方的需求、更加吸引招聘者的注意。

Asana是Jerry前東家的競爭對手之一，因此上網可以蒐集到很多資料；這家公司的商業模式、技術、產品、市場等等，都不難理解。

有趣的是，Asana創立於二〇〇八年，Roblox成立於二〇〇四年，可是Roblox卻自稱是一家新創。

Roblox也自稱為「網路遊戲公司」，但Jerry進入Roblox的網站和遊戲平台之後，發現他們的遊戲都非常簡單粗糙，完全不能跟目前風靡全球的線上遊戲或是手機遊戲比較。

再仔細研究，發現Roblox自己並不開發遊戲，平台上的遊戲都是由會員和用戶自己開發的。

這家成立十六年的「新創公司」、不自己開發遊戲的「遊戲公司」，引發了Jerry和我的興趣；於是透過Jerry的人脈與研究，我們對Roblox做了更深入的瞭解。

十六歲的新創

在一九八九年，戴夫．巴斯祖基（Dave Baszucki）和他的弟弟格雷（Greg Baszucki）共同創辦了「知識革命」（Knowledge Revolution）這家致力於教育軟體的公司。他們的產品，是讓學生可以自己設計、模擬物理實驗的軟體。

沒多久他們就發現，學生們把這些物理實驗當成遊戲一樣，充分發揮想像力；例如設計車輛碰撞或大樓坍塌等有趣的實驗，然後展示給同學或朋友們看。

在約莫十年後，他們以二千萬美元將「知識革命」賣給針對專業領域開發模擬軟體工具的MSC公司。

公司被收購之後，戴夫．巴斯祖基繼續在「知識革命」服務了四年，然後決定離開公司，帶著他賺的第一桶金成為天使投資人。後來，他將大部分資金投入了比臉書和MySpace更早進入社群網絡產業的Friendster公司。

這二次創業和投資的經驗，將他帶入了「遊戲」和「社群」領域；於是他決定二次創業，成立結合遊戲和社交的Roblox，並將目標鎖定在九到十二歲的用戶市場。

戴夫．巴斯祖基因為第一次創業的成功經驗，堅信Roblox應該建立自己的平台、提供模組和工具，讓用戶發揮他們的想像力，創造自己的遊戲。

因此Roblox在成立後的第一個十年之間，投入大量資源開發自己的技術和網路平台，靠著一步一腳印的真功夫，慢慢累積用戶和開發者。

從TechCrunch的資料可以看到，他們在二〇一六年二月達到九百萬名「每月活躍用戶」

（monthly active users, MAU）；但後來在短短的三年之間，截至二〇一九年四月已經成長十倍，每月活躍用戶達到九千萬。

所謂「十年磨一劍」，用在Roblox身上再貼切不過了。Roblox在二〇一九年底達到了每個月超過十億次的平台到訪紀錄，也達成每月活躍用戶一億的里程碑。

難怪Roblox在向Jerry介紹時，稱自己為新創公司；雖然成立於二〇〇四年，但公司低調到不行，在最近三年才開始「爆發」式的成長期。在這之前，幾乎看不到媒體報導，也吸引不到投資機構的注意。

確定的選擇

不論是Asana或Roblox，都是矽谷科技人夢寐以求的僱主；從上一篇文章有關員工滿意度的調查報告裡，就可以看出來。

在二家公司都給了聘用條件之後，又頻頻以電話或電子郵件跟催，Jerry知道他不能再拖延下去；當時他心中的壓力，居然比求職面試時還要大。他在跟我通話時表示，他一旦決定之後，不知道如何開口拒絕另一家公司。

在前一篇文章的留言中，認為Jerry會選擇Asana或選擇Roblox的，都有正確的考量，雙方也都旗鼓相當，確實是一個很難做的決定。

有幾位朋友認為，因為疫情擴散開始在家辦公，因此交通時間的長短、和對家庭生活的影響，二家公司沒有太大差別。

事實上，在Jerry做決定時，矽谷的疫情還不到很嚴重的地步，他是在做完決定之後二個星期，大約二月中旬才去上班；在上了二個星期班以後，才開始在家工作。

Jerry是個很重視家庭生活的人；對他來說，通勤時間和對家庭的影響，是他擺在第一位的考慮因素。

再來就是產業的前景。當我們越深入瞭解Roblox之後，越對這家相對顯得「神祕」的公司感到興趣。

對於年過三十的美國人，或許沒聽過Roblox，但是對於十幾歲或以下的美國年輕人和兒童而言，很少有人不知道Roblox的。

因此，Jerry選擇了Roblox。

結語

現居美國的臉書朋友郭原宏，在上一篇文章留言所說的話，最能代表Roblox目標用戶

（九到十二歲兒童）的父母心聲。

網路上可以搜尋到的許多評論，基本論點都一樣：Roblox不是小朋友玩的無腦遊戲，它激發了小朋友的創意、動手創作的能力，接受平台上教育的意念，更擴展了社交能力等等。

以下是郭原宏的留言：

> Roblox現在在美國小孩圈內是最受歡迎的遊戲，我自己的二個十歲小孩都是重度使用者。簡單來說，它是一個網路遊戲平台，每個人有自己創建的角色，這個角色可以在這個平台上玩幾十種不同的遊戲。它有點像虛擬社群，可以設計自己的家，邀朋友來玩；另外還有Robux貨幣系統，可以實體付費取得，用來購買遊戲中各種建築道具。根據自己小孩的意見，Roblox比當紅的「要塞英雄」（Fortnite）更受他們小學生的喜歡。

Jerry加入Roblox快五個月了，透過許多網路報導和採訪的文章，我對Roblox有了更深的瞭解。

為什麼網路上有許多評論，認為Roblox是遊戲產業，員工滿意度調查認為他們是媒體產業，投資者認為他們是社群網絡產業？

接下來幾篇文章，讓我和讀者們分享一下我的相關研究與看法。

因為，在台灣的高科技產業，只重視硬體代工製造、供應鏈、半導體的情況下，或許有些專家學者開始高呼5G、人工智慧（AI）、物聯網（IoT）；但以Roblox為例子的一個「超級世界」（Metaverse，或稱元宇宙），已經悄悄在改變我們的日常生活和我們存在的世界了。

姑且讓我當一個未來高科技海嘯的吹哨者吧。

3 顛覆遊戲產業的Roblox是遊戲公司嗎？

過去三十年來，遊戲產業已經發展成一個組織成熟、分工細緻的產業，每個環節都需要專業人士的參與和合作；而Roblox則反其道而行，聚合來自使用者的遊戲，建立了一個表現出眾的平台。他們是怎麼做到的呢？

一九八〇年代，台灣第一款自製遊戲誕生，開始了台灣遊戲軟體出版產業的發展；之後隨著網路開始普及，更逐漸帶動線上遊戲的發展。

一九九二年起，台灣線上遊戲開始萌芽，如《龍城傳奇》、《風之王國》、《東方故事》等，不過線上用戶人數還是很少。

西元二〇〇〇年之後，網路大量普及，帶動線上遊戲快速發展；在IT硬體產業的帶動下，其實台灣進入遊戲產業的時機並不算晚。

遊戲如同電影？

二〇〇〇年前後，我已經擔任德州儀器（Texas Instruments, TI）亞洲區總裁，特別找了關係去廈門，參觀訪問由台商投資成立的「廈門火鳳凰」遊戲製作公司。

經由經營團隊的介紹，我深入瞭解到當時的遊戲製作過程，就猶如電影製片一般。當時正在製作的，是稱為「太極張三豐」的簡體中文版角色扮演（role-playing game, RPG）遊戲。

團隊成員包括劇本、導演、角色、布景、服裝、武術指導、音樂、卡通動畫等等，等同於拍戲一樣；但隨著玩家選擇扮演的角色、場景以及使用的武器不同，劇情比起電影更加複雜。

當時大家對遊戲的瞭解，就是一部史詩級的電影製作：投資龐大、劇情複雜、角色繁多；一關又一關的挑戰越來越困難，使得玩家欲罷不能，有時候不得不花錢購買新武器、增加新功力，以求過關。

每一個遊戲都需要專業團隊來製作，需要投入大量資金在廣告宣傳上，以增加用戶數及流量；因此必須與專業的出版發行公司，以及有流量的入口網站或平台合作。

但是，由於市場競爭激烈，總有新的遊戲上市，增加了玩家的選擇；加上人性本然喜新厭舊，再好玩的遊戲總有玩膩的時候。因此，在遊戲產業也出現了「一代拳王」的現象：公司靠著一個大受歡迎的遊戲崛起，也因為後繼無力而銷聲匿跡。

賽車，或是賽道？

網路的普及，改變了傳統的生意模式。以傳統的市集為例，過去是先有攤販做買賣，規模化後才形成市集；網路出現之後，則必須先有人建平台，才能吸引賣貨的人加入。經過廣告宣傳後，才有客人上門買貨，於是產生流量，出現了大電商。

建「平台」也就是建「賽道」，而每個遊戲就是「賽車」。每次比賽都會有新的賽車參賽，但最後奪冠的一定不是同一輛車，也未必是同一個品牌，而賽道卻是很少改變的。

遊戲產業的發展歷程，有點像傳統市集：先出現攤販，各自找出版發行商，進行宣傳推廣。

攤販的核心能力不在經營市集，而他們也對市集不屑一顧；因為有太多網路平台可以去推銷，何必從一而終？

況且自己做大以後，自己就形成一個市集；唯一不同的是，傳統市集可以接納許多賣同一種產品的攤販，但是大攤販自己的市集，是不會讓競爭對手加入的。

尤其在二〇一二年後，許多建立了平台的大型網路公司，都嗅到了網路遊戲的商機，紛紛推出自己的品牌遊戲；例如美國的Google、臉書、蘋果，中國大陸的ＢＡＴ（百度、阿里巴巴、騰訊）等等。

這讓目前的遊戲公司更加認為，自己建立封閉式平台是十分愚蠢的想法，而不會去嘗試轉型，將「賽車」變為「賽道」。

由誰開發內容？

如果存在著「遊戲如電影」的思維，那麼遊戲必定是由專業團隊來製作，這就是「內容產業」所說的PGC（professional-generated content），由專業人士生產的內容。

如果要做到讓使用者自創內容（user-generated content，下稱UGC），也就是說一般玩家也可以自己開發遊戲，平台就必須提供簡單的遊戲引擎和製作工具，以便讓上億個擁有創意的玩家，在極短的時間內開發出遊戲來。

目前AAA級的高階遊戲，都需要投入大量資源、由龐大的專業團隊來製作，因此也太複雜，缺少彈性和簡易性，不是一般玩家可以參與的。

今天的網路遊戲或是手機遊戲，在製作上已經比一般影片和音樂更加複雜，也更加昂貴。所以目前遊戲（上例中所謂的「賽車」）公司很難進入UGC市場的主要原因，就是思維模式已經固化、很難轉變。

Roblox的模式證明，造型和玩法（所謂「look and feel」）簡單的遊戲，其實也可以吸引到許多玩家，尤其他們的目標市場和用戶，是九到十七歲的兒童和青少年。

Roblox的平台和工具，已經模糊了遊戲玩家和開發者之間的界線。至今Roblox已經擁有超過二百萬個開發者，這是它巨大的競爭優勢。光在二〇一九年，這些開發者在Roblox平台就推出並貢獻了二千萬次使用體驗。

這些體驗不僅僅是遊戲，也包括了教育、社交活動、創新體驗等。

Roblox每年的營收之中，有極大部分來自用戶的「應用程式內購買」（in-app purchase）；其中大約有二五％的比例，會分享給開發者。

二〇一七年分享給開發者的金額達到三千萬美元，二〇一八年是六千萬美元，二〇一九年來到一．一億美元；二〇二〇年估計約可達到二．五億美元。

結語

上一篇文章提到了Roblox創辦人戴夫．巴斯祖基的創業、投資經歷；他發現了UGC的爆發力與商機，讓他無怨無悔地投資大量資金建立自己的平台，最終才能十年磨一劍，磨出了Roblox自己的遊戲平台。

這也證實了我說過的一句話：「走過的路，成就了今天的你。」

在《高速企業》（*Fast Company*）雜誌評選的「二〇二〇年全球五十家最創新的公司」（The World's 50 Most Innovative Companies of 2020）之中，Roblox排名第九，在遊戲類組之中更是排名第一。

二〇二〇年初的一份市場調查報告顯示，在美國的九到十七歲兒童和青少年中，有七二%使用過Roblox的網路平台。

二〇一九年，Roblox名列YouTube影片瀏覽排名第五，在二〇二〇年疫情緊繃的狀態下，每月活躍用戶更已經突破了一・二億。根據統計，每位Roblox用戶會玩二十種以上的遊戲，因此也達到每月十五億小時的用戶使用時間。

二〇二〇年二月底，Roblox完成了一輪一・五億美元的融資，將公司市值推升至四十億美元。除了有一個產生正向鉅額現金流的生意模式之外，加上成功的融資，讓該公司手上握滿了現金，當然不急著讓股票上市（initial public offering, IPO）。

至於Roblox要將這些現金投資到哪裡？為什麼又有人認為Roblox是社群網絡產業？請待下一篇文章揭曉。

4 回顧幾家社群網站的前世今生

Roblox認為，自己雖然是一家遊戲公司，但在商業模式方面更像是YouTube這類的社群網站。在繼續觀察Roblox的商業模式之前，讓我們先回顧幾家知名社群網站的過去與現在，以及它們的成敗原因。

面試主管告訴Jerry，Roblox雖然是一家遊戲公司，但是在商業模式方面更像YouTube；因為YouTube本身並不製作影片，而是由用戶自己拍攝，然後上傳與朋友共享。

其實Roblox告訴Jerry的，就是他們是個「遊戲平台」，而平台上的遊戲，則都是用戶以Roblox提供的遊戲引擎和工具，自行設計和創作出來的；而這也就是UGC的模式。

UGC並不是一種具體的業務，而是用戶使用網路服務的一種方式；網路的使用在剛開始發展時是以「下載」為主，後來才轉變成「下載」和「上傳」並重。

諸如YouTube、MySpace等服務網站，都可以看做是UGC的成功案例；而社群網絡、影片分享、文字部落格，以及播客（podcast）等都是UGC的主要應用形式。

社群網站的先驅

一、MySpace

先來說說MySpace。MySpace是二〇〇三年七月由湯姆．安德森（Tom Anderson）和克里斯．迪沃夫（Chris DeWolfe）二人創立的社群網站，提供人際互動、用戶自定朋友網絡、個人頁面、部落格、群組、照片、音樂和影片的分享與存放等功能。

二〇〇五年七月，魯伯特．梅鐸（Rupert Murdoch）旗下的「新聞集團」（News Corporation）以五．八億美元買下MySpace。因此，它的總部位於加州的聖塔摩尼卡（Santa Monica），而母公司的總部則位於紐約市。

二、YouTube

再說說YouTube。它是在二〇〇五年二月由三名前PayPal員工查德．賀利（Chad Hurley）、台灣留美學生陳士駿（Steve Chen），以及賈德．卡林姆（Jawed Karim）所創立的。它原本的設計目的，是為了方便朋友之間分享錄影片段，後來卻逐漸成為用戶的影片儲存庫，以及新作品的發表場所。

沒有料到的是，YouTube在MySpace上受到廣大用戶的喜愛；許多用戶在他們的個人檔案中大量置入來自YouTube的影片，以便與朋友分享。

雖然MySpace意識到YouTube的威脅，也採取了各種對抗措施，包括禁止使用者在個人檔案頁面中置入YouTube影片等，但是卻擋不住用戶的廣泛抗議，不久後又取消了這項限制。

隨後，YouTube成為成長速度最快的網站之一。根據二〇〇六年七月多家新聞機構報導，YouTube的造訪人數已經超越MySpace；二〇〇六年十月，Google以一六．五億美元收購了YouTube。

三、Friendster

最後談談Friendster。在〈面對未來，透過計劃與執行來掌握自己的命運〉這篇文章中，我提到Roblox的創辦人戴夫．巴斯祖基在離開「知識革命」之後，帶著他賺的第一桶金成為天使投資人，並且將大部分資金投入了Frindster。

Friendster是在二〇〇二年創立的社交網站，比MySpace早了一年，也比臉書早二年，比YouTube則早了三年；因此，Friendster經常被認為是社群網絡領域中的「鼻祖」。

在高峰時期，這個社交網站的用戶人數曾經超過一億人，主要集中在東南亞市場。

Friendster在成立一年之後，用戶數量就超過三百萬。Google曾經在二〇〇三年試圖以三千萬美元收購Friendster，但遭到創辦人強納森．亞布拉姆斯（Jonathan Abrams）拒絕。

這家曾經是矽谷神話的企業，現在已經淪為一家苟延殘喘的網路（.com）公司。

Friendster 的生與死

Friendster 成立於二〇〇二年，一開始就定位於「透過朋友的朋友」來建立社交約會活動。它鼓勵用戶使用真實資料來註冊，允許用戶創建個人主頁，也允許用戶上傳自己的頭像和照片；所有好友的頭像和名字，以及所有來訪的用戶紀錄，也會出現在個人主頁上。

它還提供依條件進行搜尋的功能，如興趣愛好、地理位置等。這些功能現在看起來很平常，不過在當時都算是突破性的，在社群網絡上也都屬於創新。

Friendster 是當時第一家提供社交服務的網站。在剛開始的三個月，只靠用戶郵箱推薦就吸收了三百萬用戶；不到半年的時間，就吸引了一千二百萬美元的創投資金。

從技術面分析，Friendster 的滅亡有二個原因：「低利益成本比」和「K核心分布」；網路上有許多分析報告，有興趣的朋友可以另外查詢細節，或參考這一篇文章：https://bit.ly/AnaFriend。

簡單地說，所謂「利益成本比」，就是用戶透過使用這個社群網站所得到的「利益」，與投入時間和努力等「成本」之間的比例。如果成本遠大於利益，那麼用戶就會選擇離開。

「K核心分布」所說的，則是「社群網站的用戶平均有幾個朋友」。如果網站上大部分用戶都只擁有二名好友，那麼當一名用戶離開這個網站時，就會造成其他用戶在該網站上只剩下一個好友。

而這又造成其他用戶更低的「利益成本比」，而選擇離開；如此反覆的結果，就是雪崩式的用戶撤離，造成社群網站的死亡。

從經營管理面來看，Friendster的死亡之路開始於創始人沉醉於快速的成功以及大量的掌聲，但卻忽略了在技術研發上的投資；因而伺服器的反應跟不上快速增加的用戶量，導致用戶打開一個頁面需要二十秒鐘的時間。

在用戶體驗越來越差的同時，它還推出了新的「約會」功能，期望能夠增加更多用戶；結果是雪上加霜，輿論和用戶的負評如潮水般湧入。

二〇〇九年七月，Friendster的流量出現了災難性的雪崩；用戶紛紛逃離，轉向臉書等其他網站。

最後在二〇一〇年八月，臉書花了四千萬美元買下Friendster所有的社群網站專利，正式宣告它的死亡。

MySpace的起和落

其實MySpace的二位創辦人，原本只是在一家行銷公司上班、熱愛音樂的員工。因為行銷公司一個案子的機緣，他們二人用十天時間「山寨」了Friendster，並且在策略上做了一些大膽的嘗試與改變。

不同於注重隱私與資安，所以只能看到好友頁面的Friendster，MySpace被打造成個性化的開放空間；用戶可以隨意設計自己的主頁，開放給所有的用戶造訪。

對於那些因為性方面過於露骨，或是牽涉言辭暴力等問題，而被Friendster封鎖的網紅與意見領袖（key opinion leader, KOL），MySpace成為他們趨之若鶩的社群網站平台，也為MySpace帶來了龐大的粉絲與流量。

二〇〇五年初，MySpace創始人兼執行長迪沃夫拜訪了臉書，提出收購後者的想法。當時臉書老闆祖克伯提出了七千五百萬美元的報價，但迪沃夫認為價格太高而拒絕了。不久之後在第二次討論收購時，祖克伯將報價拉高到了七．五億美元。

這件併購案當然沒有談成。結果在同一年，MySpace接受了五．八億美元的價格，被梅鐸的新聞集團收購。

有了強硬後台的資源支持下，MySpace在二〇〇七年確實攀上了巔峰；網路流量超越了雅虎與Google，成為全球流量最大的社群網站。

然而作為一家社群網站公司，MySpace被新聞集團收購其實是弊大於利。因為網路服務公司和傳統媒體業之間的文化差異實在太大。

新聞集團內部組織龐大、體制僵硬、官僚主義盛行，這一切都跟以年輕族群為目標市場的社群網站公司MySpace完全不同調；加上競爭對手臉書、Google都是年輕有創意的網路公司，不刻意追求流量與營收獲利，反而以不斷加強用戶體驗為目標。

結果可想而知：二〇一一年六月，新聞集團以當初收購價的六％，也就是三千五百萬美元，把MySpace賣掉了。

結語

作為社群網站的鼻祖，成立於二〇〇二年的Friendster在這個領域擁有絕對的競爭優勢，卻因為忽略了在技術研發的投資，導致極差的用戶體驗，在二〇〇九年七月發生流量雪崩而滅亡。

成立於二〇〇三年七月的MySpace，則是在被新聞集團收購之後，無法克服不同文化的影響，終致被官僚扼殺了創新；最後因為無法與臉書和Google這二家純網路公司競爭，在二〇一一年六月被新聞集團低價出售。

成立於二〇〇四年二月的臉書，在剛成立滿一年的時候，就收到MySpace的收購意向；但祖克伯用提高報價的方式，拒絕了這項收購案。

二〇〇六年三月，雅虎為了收購臉書，向祖克伯提出十億美元的投資；雖然當時的臉書主要投資人和董事都已準備接受這筆交易，但祖克伯仍無意出售。

接著在二〇〇七年十月，微軟（Microsoft）向祖克伯提出報價，估值一百五十億美元；但在投標被拒後，他們仍然以二．四億美元的價格購買了一．六%股權。

YouTube成立於二〇〇五年二月，但二〇〇六年七月的網站流量就已經超過了MySpace；因此在二〇〇六年十月，以一六．五億美元的價格被Google收購。

從以上的這些歷史，我總結出幾個教訓：

一、「用戶體驗」對於網路服務公司，尤其是社群網站而言，可以說是生死交關的議題。

二、雖然是網路公司，也不能忽視技術研發的投資；創新的生意模式可以「樓起」，但技術問題卻可以導致「樓塌」。

三、即使是網路產業的巨鱷或霸主，也可能因為一個策略上的錯誤而滅亡。

四、《大退場》（*Finish Big*）一書中提到，「你應該把公司打造成好像要擁有一輩子，但明天就可以賣掉的狀態」，這句話值得三思！

五、臉書的祖克伯拒絕了三次被收購的誘惑、堅持走自己的路，成就了今天的霸業。

六、即使被高價收購，雙方的價值觀與文化仍然是決定成敗的關鍵。MySpace與新聞集團是失敗的案例，YouTube與Google則是成功的案例。

Roblox成立於二〇〇四年，正是社群網站風起雲湧之際，也是遊戲產業的風頭浪尖之時。多少風雲人物快速起落，多少網路新創一夜成名一夕消亡。Roblox卻在十年磨一劍，它到底在玩什麼把戲？且待下回分解。

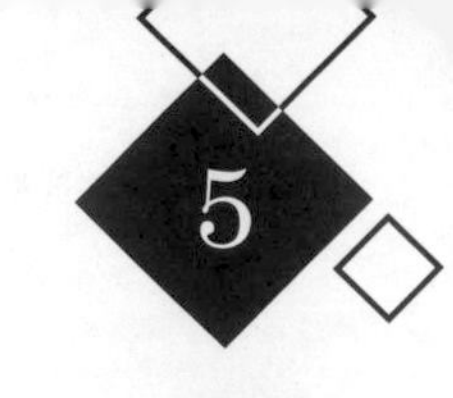

讓Roblox成功的「梅迪奇效應」

二〇二〇年初肺炎疫情爆發之後，美國許多州都實施「就地避難」，學校停課，孩子們待在家裡不再出門；在大人們用視訊會議工作時，孩子們則前往Roblox網站維持社交活動。意外的疫情宛如為Roblox增加了一個風口，甚至加上了一雙翅膀。

前面提過，Roblox的創辦人戴夫・巴斯祖基在一九八九年創立了「知識革命」這家教育軟體公司；而這家公司的產品，則是讓學生自己設計模擬物理實驗的軟體。從這個創業經驗，他看到了學生「將物理實驗設計成遊戲」的UGC商機。

成為天使投資人之後，他則將大部分資金投入到號稱「社群網站鼻祖」的Friendster公司。從這個投資經驗中，他發現了「社群網絡」正在興起；短短幾年之間，MySpace、臉書、YouTube風起雲湧，不僅吸收了年輕人的網路流量，也吸引了投資機構的資金。

身體中流動的創業精神，讓巴斯祖基不甘於只當一個幕後投資者；於是他在二〇〇四年第二次創業，成立了Roblox。

在二十一世紀初期，網路開始普及，創新應用也如雨後春筍般冒出來；但新產業的定義和發展，還不是很清晰。而Roblox創立的目的，就是針對九到十二歲的孩子，讓他們以自己設計遊戲、自我教育為主要活動，在網路上打造出一個社交平台。

這樣的構想，完全符合創辦人巴斯祖基過去的創業和投資經驗；但是在外人看來，就搞不清楚Roblox到底是屬於遊戲還是社群方面的網路產業。

與當時動輒吸引數千萬玩家的網路遊戲相比，Roblox的遊戲因為是九到十二歲孩子自己設計的，所以當然比較簡單粗糙，完全不像是網路遊戲公司的產品。

當時以朋友之間分享相片、影片、音樂內容為主的社群網站，吸引的目標市場是年輕人與成年人；這些對象既是「客戶」，也是「用戶」。兒童社群除了需求與內容比較不同之外，加上「客戶」是父母親，用戶卻是「兒童」，因此二者也各自有不同的需求與痛點。

基於以上三點，在二〇〇四到二〇一五這十年期間，Roblox幾乎沒有人看好；或許可以說，幾乎沒有投資者和媒體注意到這家公司。直到二〇一六年Roblox開始爆發式成長，媒體才到處打聽「這一家公司是何方神聖？」

梅迪奇效應

《梅迪奇效應》（*The Medici Effect*）是瑞典裔美籍企業家法蘭斯．約翰森（Frans Johansson）

在二〇〇四年所撰寫的著作。

這個名詞源自十五世紀的義大利，當時在佛羅倫斯經營銀行業的梅迪奇家族，架構了一個有利各種活動進行的平台，吸引各行各業的菁英聚集交流；這個平台激起了創意勃發的現象，更導致了歐洲文藝復興時代的開啟。

因此，約翰森將經由跨領域知識碰撞所產出的創新，稱為「梅迪奇效應」。

巴斯祖基透過創立「知識革命」，以及投資Friendster，累積了教育、UGC、遊戲、社群等跨領域的經驗，創立了Roblox；而這家公司的願景（vision），則是「透過玩遊戲，讓全世界彼此更接近」（to bring the world together through play）。

除了跨領域之外，我從自己的研究中總結了幾點Roblox的成功因素，跟讀者們分享。

生意模式

上一篇文章提到，Roblox在面試時告訴Jerry，Roblox在生意模式方面比較像YouTube；可是Jerry在Roblox上班幾個月後，認為從各個層面看，反而比較像蘋果。因為：

一、蘋果跟Roblox都培養了自己的開發者生態系統（developer ecosystem）。

二、蘋果跟Roblox都提供了一款自己的整合開發環境（integrated development environment, IDE）：蘋果的叫做「XCode」，在Roblox則叫做「Studio」。

三、蘋果跟Roblox都有自己的線上商店：蘋果提供App Store給用戶搜尋各種應用程式，Roblox則提供商店給用戶搜尋遊戲。

四、蘋果跟Roblox都有類似的變現模式：他們都採用「應用程式內購買」的方式，讓用戶在使用app時採購物品：公司會在採購金額中酌收一定比例的費用，其他的金額則歸開發者。

目標市場的客戶：家長

兒童和母嬰用品市場，是典型「客戶、用戶分離」的案例。「客戶」是指「付錢給商家的人」，「用戶」則是指「使用商家產品的人」。在Roblox的目標市場裡，九到十二歲的孩子是用戶，孩子的父母則是客戶。因為孩子沒有財務自主權，所以必須靠父母的支持，才能使用Roblox平台，並在Roblox的app內採購商品：因此，對於父母的需求與痛點，Roblox一定要好好照顧到。

孩子需要的是遊戲，而父母希望孩子得到的則是教育。過去我認為遊戲和教育是二個不同的產業，不可能兼顧，但Roblox證實我錯了。

Roblox提供遊戲引擎與開發工具，讓孩子們發揮創意，設計自己的遊戲。在Roblox的網路虛擬世界裡，孩子們有沉浸式的體驗，可以蓋房子、養寵物、逛遊樂場；這些都能培養孩子們自己動腦、動手的能力，有極大的教育意義。

許多家長在網上留言給予Roblox好評，並告訴其他家長：「Roblox不是只有無腦遊戲，因此令我的好感大增。」

另外還有一個關鍵，對於孩子上網，父母親最大的痛點就是「如何避免孩子被不明來源的黃、賭、毒和暴力所汙染」。為了解決這個客戶痛點，Roblox在資安防護和內容管控上下了很大功夫。

根據一些家長的回饋，他們在這些方面甚至做得比臉書或YouTube等知名網站還好。

此外，Roblox還設有家長交流區，讓孩子的父母們提問以便得到解答；父母們也可以交換意見、交流學習心得等。

我的臉書朋友郭原宏的留言，或許能夠代表父母的心聲，說明為什麼Roblox征服了孩子父母的心。

目標市場的用戶：孩子

真正遊戲玩家所玩的，大多是多人、團隊、對戰、角色扮演、情境變化，在機制方面非常複雜的遊戲；有些團隊累積了足夠的訓練和默契，升級成為電競比賽的參賽隊伍，那又是另外一個層次了。

許多網路上的遊戲玩家團隊，彼此在網路上認識，但沒有在真實世界見過面，使用的也是網名，所以彼此連真實姓名或長相都不知道。

但是，一般九到十二歲的孩子在網路上與真實世界好友相聚時，他們所玩的遊戲其實沒有那麼複雜。

我們這個年代的人，小時候只有出門去廟前廣場或是雜貨店旁邊，才能跟朋友聚在一起玩；玩的也是極為普通、簡單的遊戲，例如尪仔牌、捶扁的酒瓶蓋、黏土、塑膠仙仔等等。有時候得空，老遠從家裡跑到好朋友的聚會地點，發現空無一人，心情的失望可想而知。

Roblox提供給孩子們的，則是一個網路上的虛擬世界；每一個孩子有自己的阿凡達（Avatar）化身，也可以訂製一個自己的廟口廣場作為聚會地點，只有自己邀請的好朋友才能參加。

不必像真實世界出門去老遠的地方，才能知道有沒有玩伴在，只要用鍵盤上網進入Roblox

平台，就可找到三兩好友玩起來。

與其說Roblox是個遊戲網站，不如說它是一個「小孩的遊樂世界」。遊戲是小孩活動的一部分，但不是全部；所以從產業別來看，Roblox更像一個針對九到十二歲孩子的社群網站。而一般遊戲網站所吸引的，都以熱衷於玩線上遊戲的十三到十九歲青少年（英文所說的teenagers）和成年人占大多數。

這就是垂直細分市場的好處：當市場越細分、市場區隔越小，需求就越容易找到，而且會起變化。

疫情的影響

二〇二〇年初新冠（COVID-19）疫情爆發之後，美國舊金山針對灣區六縣下命令，要求居民「就地避難」（shelter in place）：除了最低限度的生活必須活動外，停止一切工作、社交往來，所有活動聚會暫停、大部分公司也都停業。

隨著疫情惡化，許多州也都跟進實施「就地避難」，大部分企業也都要求員工在家上班；學校也停課，孩子們都待在家裡不再出門。

當大人們都在使用Zoom開視訊會議時，孩子們則成群結隊地前往Roblox網站；在沉浸式的體驗中，仍然維持著與好友們的正常社交活動。

家長會在深入了解Roblox之後，認為寧可讓孩子們在家隔離期間，多花點時間在Roblox上，也比看YouTube影片或是卡通好。

家長們之間也互相推薦Roblox，使得它在二〇二〇年三月的使用量增加了四〇％。根據市場機構App Annie調查指出，Roblox在iOS App排名上僅次於YouTube。

由於疫情持續擴大，網路巨擘如FAANG的暑期工讀機會紛紛取消，並且停止晉用新人；這使得只有二十個工讀名額的Roblox，竟然收到了來自美國各大名校的六千多封申請信。

在諸多網路獨角獸如Airbnb、Toast、ClassPass、Bird等紛紛祭出裁員與削減開支措施之際，Roblox卻逆勢操作，僱用優秀人才。

創立十六年來沒有預料過的新冠疫情，宛如為已經爆發式成長的Roblox，增加了一個大「風口」，並且加上一雙大「翅膀」。

結語

透過Roblox創業成長的過程，我有三點心得與讀者分享：

一、兒童市場

傳統母嬰與兒童用品，是許多創業者又愛又恨的市場；因為進入門檻低、很容易創業，但也因為進入門檻低，所以很難賺錢。

但在高科技浪潮衝擊、網路普及的時代之中，這些愛恨都消失了；傳統產業及生意模式被顛覆了，所以形成了「得先機者得天下」的局面。

雖說全球的先進國家，都步入「高齡少子化」的困境，而且似乎「高齡」比「兒童」市場更有潛力，但現今全球總共二百五十億部的上網裝置，由兒童使用的卻占了大多數。

另外，兒童是個領先指標；如果能夠在兒童市場建立品牌形象的優勢，兒童成長為青少年、青年、成人之後，如果廠商能夠隨著需求的改變，提供新的產品，也就順理成章地將品牌帶入新的人口分布市場。

二、梅迪奇效應

中國戰國時期齊國有個孟嘗君，手下有食客三千，多為奇人異士；歐洲中世紀的義大利佛羅倫斯，則出了一個梅迪奇家族，專門贊助政治、經濟、藝術等各行各業的菁英。於是在跨領域的碰撞之下，產生了各種創新及創意。

在高科技及網路不斷創新的今天，傳統的價值鏈不斷崩解，傳統行業的生態也被顛覆，科技新創風起雲湧。而梅迪奇效應不僅是創新，也出現在創業；跨領域、跨產業的整合，加上創新科技的應用，使得新產業和新霸主不斷出現。

台灣年輕的一代，不必怨嘆老一輩不放手，應該迎向挑戰、掌握科技潮流，創造自己的時代。

三、機會屬於有準備的人

Roblox有自己的理想和方向，低調沉潛打造自己的網路平台。十年磨一劍，靠的是堅持和毅力。當投資者和媒體都不看好的時候，仍然走自己的路，終於迎來最近幾年的成長大爆發。

意想不到的疫情，為許多成功企業帶來了大災難，卻也為少數企業帶來了新的風口。

如果Roblox不是在創立的前十五年做足了準備，那麼這次疫情所帶來的新風口，也不會是Roblox的新機會。

機會，永遠都屬於有準備的人。

Roblox是否將成為未來媒體的指標？

Roblox平台已經演化成為一個媒體匯流中心，開始與影視產業、藝人、歌手合作，發行電影預告片、音樂、新歌等。現今對於未來和科技缺乏想像的媒體公關公司，會不會有一天發現自己敗給了「時代」？

在〈長照產業中的高科技商機〉*這篇文章中，我曾經提到在二〇一六年十一月二十九日參加了第二屆「數位亞洲大會」（DigiAsia），擔任第三天下午的主題演講者。

數位亞洲大會於二〇一四年誕生，固定每二年於台北召開，是亞洲地區最具指標性的數位盛會；會員大部分是來自亞洲地區各國的公關媒體，以及廣告行銷從業人員。

在演講之前，我詢問了主辦單位和參加論壇的部分會員，過去二天半都在討論些什麼題目；他們告訴我，過去幾天討論的重點是人工智慧以及科技發展，對媒體公關與廣告行銷產業的影響。

於是我在演講中特別提到服務機器人，在未來少子高齡化社會扮演的重要角色；尤其是長照產業的發展，將使得服務機器人負擔起日常生活用品的採購決策。

在演講結束時，我問在場的媒體廣告專家們：

有沒有想到未來的廣告受眾不是人類，而是機器人？那麼，傳統的廣告行銷方式和媒體還有用嗎？新的廣告方式是什麼？

這個問題引起了台下一陣譁然。

傳統媒體公關產業在未來會發生的改變，只有「工作被人工智慧取代」和「廣告對象不是人」這二樣嗎？

由進化到演化

為什麼許多投資者和媒體，把Roblox定位為「媒體」產業？而不是「遊戲」或「社交」產業？

---

* 文章請見：https://tuna.press/?p=13556。

上一篇文章中提到，Roblox成立之初的公司願景是「透過玩遊戲，讓全世界彼此更接近」。

而在十年磨一劍後，Roblox進入快速成長期；在目標市場的舊有用戶（九到十二歲）隨著時間過去，也長大為青少年和成年人時，用戶的需求也會跟著改變。

於是Roblox新的說法是：「我們的願景是『透過玩遊戲，讓全世界彼此更接近』。Roblox平台提供了一個前所未有的大好機會，能將人們互相連結起來；人們來到Roblox不只是一起遊玩，還可以一起創造、學習、工作，這就是我們看到的未來。」

夢想成真

Roblox在網路上有一則真實故事流傳很廣，而美國CNBC新聞台的「Make It」節目特別採訪了這個主角，並於二〇一九年九月二十三日刊登在網站上。*

故事的內容是，二〇一八年才二十歲的艾力克斯・巴凡斯（Alex Balfanz）在二〇一七年一月，也就是他高中的最後一年，當同學們都忙著申請大學時，他和一個朋友卻利用Roblox提供的遊戲引擎和軟體工具，開發了一個叫做「越獄」（Jailbreak）的線上遊戲，發布在Roblox平台上。

遊戲本身是免費的，但在遊戲中越獄所需要的車輛和武器，則需要用Roblox提供的「Robux」虛擬貨幣來購買。

至文章發表時，這個遊戲已經在網路上被幾億玩家玩過三十億次；巴凡斯和他的朋友也從這個遊戲賺進了數百萬美元。如今已經是杜克大學（Duke University）學生的巴凡斯說，遊戲才上架幾個月，就為他賺進杜克大學四年的學費（大約三十萬美元）。

巴凡斯是Roblox的典型目標用戶：九歲開始使用Roblox平台，用Roblox提供的工具學習寫程式。在「越獄」之前，他也曾發表過幾個遊戲，賺到一些小錢；隨著年齡成長，他的程式能力更強，也累積了許多經驗。

受到迪士尼於二〇一〇年出品的科幻電影《創：光速戰記》（*Tron: Legacy*）的啟發，巴凡斯在二〇一六年設計了一款遊戲「VOLT」，也得到了九百萬次使用的紀錄。

巴凡斯的故事，證明了Roblox成功地結合了遊戲與教育；而這樣的結果，也是從事兒童用品市場的廠商所殷殷期盼的。因為，兒童會長大，之後也會帶來新的需求和新的商機。

最近已經有專業人員組成的新創團隊，在Roblox平台上推出大型遊戲，並且開始公開融資。如此一來，我們還能看輕Roblox平台所提供的遊戲嗎？

＊ 報導請見：https://tinyurl.com/CNBCBalfanz。

虛擬實境

因此，Roblox社交網路平台所提供的活動，也就不侷限於遊戲了。舉凡派對、逛街、探險、遊樂園、演唱會、球賽等，實體世界的活動，用戶們都期盼在網路虛擬世界也可以發生。

於是在科技手段可以實現的情況下，很自然地，Roblox將「遊戲」擴大為「娛樂」，將「社交」擴大為「通訊」；因此，廣告媒體、活動行銷的形象與定位，也就由模糊逐漸變得明確了。

尤其在疫情的推波助瀾之下，為了因應就地隔離的政府要求，許多線下實體商店，紛紛往線上的虛擬商店發展。

以在美國擁有超過一百六十個加盟連鎖、以彈跳床吸引家長帶著孩子們來遊玩活動的室內樂園「Sky Zone」為例：因為新冠疫情的影響，該公司迅速於二〇二〇年三月二十六日推出了線上網路版的樂園。

為了讓家長和孩子們在居家隔離及學校停課期間，可以在這個「虛擬樂園」舉辦生日派對，Sky Zone會提供一位派對主持人，帶領壽星及賓客們做二十到二十五分鐘的遊戲及活動。

當然，Roblox也提供生日派對服務；而且在學校停課的情況下，許多學校開始加入Roblox平台，在網路上舉行畢業典禮。

於是教師們、家長們、親朋好友們，這些成人都紛紛加入Roblox會員，取得一個自己的網上分身，以便參加活動。

如果疫情持續，並且成為日常生活的一部分，所有線下的實體商店和生意模式，勢必要有一套線上的「虛擬生意模式」，否則遲早會被疫情所淘汰。

線上音樂會

在新冠疫情席捲全球的時候，經濟停滯、娛樂及演藝活動停擺、患者面臨生病和死亡的痛苦，全世界都陷入了恐懼及悲傷之中。這時，Lady Gaga站了出來，邀請數百位藝人舉辦「一個世界，一起在家」（One World: Together At Home）線上演唱會。

這場在台灣時間二〇二〇年四月十九日凌晨舉辦、透過網路直播八小時的演唱會，Roblox也參與了，並且吸引了四百五十萬用戶參加。

隨後在四月二十三日，網路遊戲公司Epic Games在其暢銷遊戲「要塞英雄」線上活動時，為美國知名饒舌歌手崔維斯史考特（Travis Scott）舉辦了一場線上音樂會，當時有一千二百多萬人在線上觀看。

史考特以太空體驗為主題，加上「要塞英雄」的虛擬世界為背景，提供了參加者魔幻似的聲光震撼與體驗。在歌曲之間，史考特變化了幾個網路化身，讓觀眾嗨到了極點。

根據「要塞英雄」的統計數據顯示，這場演唱會的觀眾總數超過二千八百萬人；這是任何線下音樂會都無法達到的效果。

美國歌手葛斯布魯克斯（Garth Brooks），是打破了整個一九九〇年代銷售和演唱會紀錄的鄉村音樂創作型明星；根據美國唱片業協會（RIAA）的統計，布魯克斯的單曲銷量比貓王（Elvis Presley）還多。

現在，布魯克斯已經開始跟遊戲公司Zynga合作，在手機遊戲上推廣他的新歌；也開始跟亞馬遜合作，將新曲先向亞馬遜的Prime付費會員發表。

影視娛樂合作

根據Roblox於二〇二〇年六月二十五日的新聞報導，華納兄弟影業（Warner Bros. Pictures）和DC動漫已經與Roblox合作，在平台上創造了《神力女超人》（*Wonder Woman*）系列的新作*Wonder Woman: The Themyscira Experience*。

Roblox會員可以結伴透過各自的阿凡達化身，去探索神力女超人的家鄉小島，還可以玩遊戲、尋寶、體驗動漫或電影中的故事情節。

這也是為預計二〇二〇年九月三十日上院線上映（如果疫情解除的話）的《神力女超人》新片宣傳的活動之一。

其實，在二〇一八年的《一級玩家》（*Ready Player One*）電影上映時，Roblox就曾經與製片史蒂芬史匹柏（Steven Spielberg）、華納兄弟影業做過類似的合作。

人類共同體驗

Roblox在接受媒體訪問時，對未來的發展宣布了一個新的願景：「Roblox創造了新的娛樂與溝通領域，稱為『人類共同體驗』」。（Roblox creates a new entertainment and communication category, something it calls "human co-experience".）

所謂的「人類共同體驗」，標示出了幾個重點：

一、「human」（全人類）表示，Roblox的目標用戶群不再侷限於九到十七歲的兒童與青少年了，而是擴展到了所有年齡層和全球市場。

二、「co-」表示是用戶之間共同擁有的、交流的、互動的。

三、「experience」則是最關鍵的成功因素。在網路世界裡，必須要讓用戶有沉浸在真實世界的感覺和體驗；而且這個網路世界必須像真實世界一樣，巨大無比、多種多樣、容許用戶到處自由移動。

要達到這樣一個境界，Roblox面臨許多挑戰：

一、突破年齡層的限制；
二、全球化：多國家、多語言、多文字、多元文化；
三、掌握科技，提供真實世界的體驗；
四、除了資安問題外，必須具備有真實世界的經濟、貨幣、法治、道德規範等等。

Roblox在二〇一九年與騰訊在深圳成立了合資公司，中文名字就叫做「羅布樂思」。即使像騰訊這樣，在中國有著壟斷地位的網路巨頭，也跨不過Roblox建立的技術障礙，不得不與Roblox合作。

Roblox的雲端本地化工具，已經可以支援四十五種不同語言，而且主動為開發者將最熱門的一百五十個應用體驗本地化，包括西班牙文、法文、德文、葡萄牙文、中文（簡體與繁體）、韓文、日文等。

Roblox正在努力克服這些挑戰，讓「虛擬實境」成為現實。

結語

在我們這一代人的心目中，往往認為媒體公關與廣告行銷產業，是只有最富創意、最懂創新、最有想像力的人才，才能進入的行業。

可是從過去的接觸經驗來看，我發現這個產業的從業人員，只能對「現在」的產品、消費者、廣告設計、行銷活動等，產生創意；但他們對於高科技以及網路對「未來」人類生活環境與活動方式的改變，卻極度缺乏想像力。

而Roblox的網路社群平台，則處處都充滿了想像的空間。舉辦線上音樂會，不但規模更大，效果更好，而且可以做到許多線下實體音樂會沒有辦法做到的事情。

例如，透過分身，可以讓幾十萬人參與、體驗到現場的震撼力，同時又可以與朋友私下交談，不受吵雜聲音的影響；更可以透過分身，到後台去見明星、藝人或歌手，並且與他們交談。

Roblox平台已經演化成為一個媒體匯流中心（media hub），開始與影視產業、藝人、歌手合作，發行電影預告片、音樂、新歌等等。

現在的媒體公關公司會不會有一天發現，它即使戰勝了所有的競爭對手，但是最終還是敗給了「時代」？

是虛擬，也是實際：未來的Metaverse世界

Metaverse由「meta」和「verse」二個片段組成；其中meta表示超越，verse則是「宇宙」的意思；二者合起來，代表了網際網路的下一個階段，也就是由擴增實境（下稱AR）、虛擬實境（下稱VR）、3D等技術建構出虛擬現實的網路世界。我們準備好面對、甚至進入它了嗎？

我在上一篇文章中提到，Roblox公司在接受媒體訪問時，對未來的發展宣布了一個新的願景，稱為「人類共同體驗」。

我也在前文中試著說明，即使是Roblox，也不得不承認「人類共同體驗」才處於萌芽階段；而許多網路公司都以自己的角度，在詮釋這個新領域。

這就如同「瞎子摸象」的故事，每一個人摸到的部位都不同；因此要精確地描述「大象」非常困難，但這一點也不重要。

Metaverse

Roblox的創辦人兼執行長戴夫・巴斯祖基在接受採訪時說過：「我們只要專注於為Roblox開發者社群提供工具與資源，使得他們可以開發更大、更複雜、更有真實感的體驗，讓他們的想像成真，我們就可以一起創造一個Metaverse。」（Our focus is to give developers the tools and resources they need to pursue their vision and create larger, more complex, more realistic experiences and collectively build the Metaverse.）

我覺得所謂的「Metaverse」，就是巴斯祖基所說的「人類共同體驗」，而且更加通俗、更容易被接受。

Metaverse由「meta」和「verse」二個片段組成；其中meta表示超越，verse則是「宇宙」（universe）的意思；二者合起來，則代表網際網路的下一個階段，也就是由AR、VR、3D等技術建構出虛擬現實的網路世界。

有人把它翻譯成中文，叫做「元宇宙」、「多重宇宙」、「平行宇宙」等等。

Metaverse這個名詞，最早來自一九九二年著名的美國科幻小說家尼爾・史蒂芬森（Neal Stephenson）撰寫的《潰雪》（*Snow Crash*）一書。

作者在書中描述了一個「平行於現實世界的網路世界」，就叫做Metaverse；現實世界中的每一個人，在Metaverse中都有一個網路分身。作者筆下的Metaverse，是「虛擬現實」實現之後的新型態網路世界。

以Metaverse為題材的電影

由於《潰雪》一書十分暢銷，一九九三年就有同名的「The Metaverse」多人線上遊戲誕生；二〇〇九年，則有好萊塢影片《阿凡達》（*Avatar*）上映。

此外，還有許多以Metaverse為題材的電影問世；但是令我印象最深刻的一部電影，則是《異次元駭客》（*The Thirteenth Floor*）。

這是一部一九九九年的科幻驚悚電影，由喬瑟夫盧斯納克（Josef Rusnak）執導，零散改編自丹尼爾．加羅耶（Daniel F. Galouye）的一九六四年小說《三重模擬》（*Simulacron-3*）。

電影中的主角道格拉斯．霍爾（Douglas Hall）是一九九〇年代的程式設計師，他以軟體程式在電腦中模擬、並且重新創造了一九三七年的洛杉磯。

由於這個巨大的電腦系統位於一棟大樓的第十三樓，因此電影片名就叫做「The Thirteenth Floor」。而中文片名翻譯成《異次元駭客》，「異次元」就是Metaverse。至於為什麼叫「駭客」？或許就是追流行吧，電影故事其實跟駭客無關。

《異次元駭客》獲得二〇〇〇年「土星獎」（Saturn Awards）最佳科幻電影提名，可惜最後敗給《駭客任務》（*The Matrix*）。

以這些電影在台灣上映賣座的情況來看，Metaverse已經普遍為台灣的影迷所接受；只是Metaverse這個名詞本身，並不為台灣人甚至不為台灣科技產業所熟知。

Roblox的Metaverse

Roblox在二〇〇四年創立之初，是以美國九到十二歲的兒童為目標用戶，在網路上建立一個社群平台；希望透過兒童的想像力與創造力，自己設計遊戲與體驗，達到教育、創造、娛樂、社交等多重目的。

因此，Roblox上的遊戲大多簡單、粗糙、不複雜、不華麗，而玩法也大多是以「合作」，而不是「競爭」的方式進行。

隨著目標用戶長大，Roblox的會員年齡也擴大為九到十七歲為主體，並且持續朝著更大、更多的年齡層發展。

目前Roblox在美國九到十二歲的兒童用戶市場中，占有率已經超過七〇%，這是非常驚人的數字。因此Roblox可以宣稱，他們在這個兒童年齡層的目標市場，已經實現了

Metaverse，否則不可能在網路社群中擁有這麼高的市占率。

但是，兒童和成人的需求與期望，畢竟是有很大的差別；就如同成人不會像兒童一樣，喜歡甚至著迷芭比娃娃。

未來，如果Roblox想要為所有人創造一個Metaverse，那麼他們要在軟體技術、工具、體驗上更加努力，才能打破年齡層和地域的限制，實現與用戶共建Metaverse的願景。

Roblox創立之初，在九到十二歲的目標用戶中，玩遊戲的男孩子占到了九成以上；但他們以不同於一般遊戲公司的做法，將女孩子的比例提高到四成以上。

Roblox也知道，Metaverse就是一個虛擬的平行世界；既然是一個世界，不管是真實或是虛擬，都不是單靠一家公司就能夠實現的，必須集眾人之力來創造。

因此，Roblox盡可能教育用戶，培植他們成為開發者。

二〇二〇年三月，以奧斯卡獎（The Oscars）模式舉辦的年度開發者大會「Bloch Awards」，在線上吸引了六百萬人參加；緊接著在七月舉辦的線上開發者大會，Roblox又宣布了許多針對大型團隊設計的新軟體開發工具，以加強開發團隊內部與外包廠商的分工合作。

在年底之前，Roblox將為開發者推出「人才市場」（Talent Marketplace），以便開發者在開發大型遊戲或體驗項目時，可以找到包括合作伙伴和外包商的必要人才與資源。

Roblox也將盡速推出自動語言翻譯機給開發者使用，以擴大地區市場、增加開發者的收入。

騰訊已經看到Metaverse市場商機，二〇一九年和Roblox在深圳成立合資公司。

結語

我很喜歡儒勒・凡爾納（Jules Verne，一八二八—一九〇五，被譽為「科幻小說之父」）所說的一句話：但凡人能想像之事，必有人能將其實現。（**Anything one man can imagine, other men can make real.**）

當我們在看《駭客任務》、《阿凡達》等科幻電影時，都只是把這些當成虛構、不實際、刺激有趣的電影；但卻有許多科技公司認真投入研發，要把電影中的情境實現，而且真的正在一步一步完成之中。

除了Roblox外，Epic Games、Minecraft、臉書等網路公司，也都在往Metaverse的道路上前進，但是各自從不同角度切入。

就如同網際網路對資訊社會造成的巨大影響，Metaverse也將會對人類的社交連結做出前所未有的改變。在美國，Metaverse是眾人耳熟能詳的名詞，在台灣則鮮少有人聽到過。

當台灣在努力學習成為矽谷的時候，我們真的知道矽谷正在發生什麼事嗎？

矽谷幾乎沒有半導體產業了，當紅的都是網路公司；而這些網路公司，幾乎都是在奔向Metaverse的路上。

我擔心的是，在Metaverse的未來世界裡，找得到台灣的身影嗎？

從製造業的角度看創新

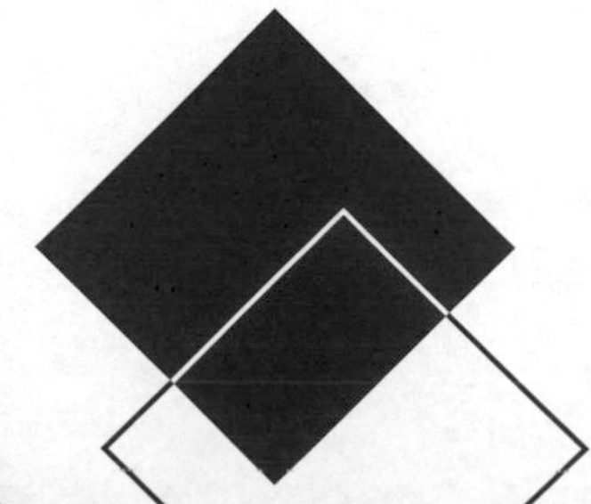

談共享經濟

在台灣，許多人將過去二十年經濟發展緩慢的現象，歸咎於「代工製造」思維，認為製造業只會降低成本，而不會創造價值。其實，降低成本是競爭所導致的。而無論是製造業或服務業，價值的創造都同樣源自創新，從百年前至今都是如此。

任何產品和其產業，都會遵循從誕生、成長、成熟到衰退或滅亡的生命週期。通常新產品的誕生與成長，都來自「創新」階段；此時會有較大的利潤空間，因此被稱為「創造價值」（value up，又稱為提升價值，或加值）。

學過經濟學的人都知道，「超額的利潤」和「潛在的市場」會吸引無數新廠家投入競爭；最終，領先者和新加入者的技術差距縮小，產品的規格也標準化，這時就進入了產品成熟期。

產品是否已經進入成熟期，其實很容易分辨：只要看產品的廣告就知道了。成熟期產品的廣告強調三個方面：規格、價格，和逼格（對岸用語，指材料、外觀、工業設計等加值條件）。

在產品的誕生和成長期，企業追求利潤極大化靠的是產品創新，以及「創造價值」帶來的溢價與高毛利。

進入成熟期之後，價格競爭成為常態；縱使有品牌加持，或許還可以維持較高的價格，但是高額的行銷費用，也使得營運利潤降低。

在這個階段要追求利潤極大化，除了擁有壟斷市場的地位之外，只有想辦法追求規模和效率，以達到絕對值最大的利潤總額。

利潤＝收入－成本

這是個簡單的公式。規模可以擴大收入、效率可以降低成本（cost down）；因此我說，「降低成本是競爭導致的，而創造價值則是源於創新」。

任何產品和其造成的產業，都會有「創造價值」和「降低成本」的階段性需要；這一點與製造業或服務業、做品牌或做代工，都沒有多大的關係。

製造業的前世今生

人類是群體生活的動物，從遠古時代的氏族社會開始，歷經農業、工業至今的網路時代，分工合作、貿易、商業、商品等，促進了科技的發展和文明的進步。

有貿易和商業就離不開通路與物流，有商品就離不開生產製造，有生產製造就離不開供應鏈。

自從一七六〇年在英國開啟第一次工業革命以來，人類原本透過大自然的生產方式，逐漸由新的製造技術與過程來取代；以機器取代人力、獸力，以大規模的工廠生產取代個體手工生產，促成了製造科技的革命。

中國大陸根據《國民經濟行業分類》將各行各業分為三個產業：第一產業包括了農、林、漁、牧，第二產業包括採礦、製造、能源和建築；第三產業包括了批發零售、運輸倉儲、餐飲、金融、房地產、教育、ＩＴ等等。

簡單總結一下，第一產業就是農業，第二產業就是製造業，第三產業就是服務業。

這種分類方式假如是為了行業管理而產生，是無可厚非的；但這很容易誤導產官學研的專家們，以為第一和第三產業不需要生產製造。

只要是有企業存在，必定有產品以滿足市場；不管是第幾產業的企業，都必須有產品來滿足目標市場的需求。只要有產品存在，就會牽涉到生產製造；換句話說，就是各行各業都需要瞭解並且執行產品的生產製造方式。

所謂產品，並不限定在硬體或是軟硬結合的商品；以服務業來說，服務本身也是一種產品。我在惠普（HP）公司服務的時候，在電子測試儀器部門中最賺錢、獲利最高的，正是維修服務單位。

他們所提供的產品除了個別單次維修以外，最暢銷的就是維護合約。即使是一份以服務為主的合約，仍然可以依照提供的維修反應速度、客戶所在地點、距離、早期預防或事後維修、更換零件／組件／板級等等不同的客戶要求，來訂立不同的合約規格與價格。

由此可見，從一七六〇年代至今，從工業革命到今天的數位網路時代，生產製造技術和模式的創新，始終在傳統產業和3C產業的發展和進步之中，扮演著重要的角色。

然而，在服務業的領域之中，「產品」的製造技術和生產模式獲得重視的程度，卻遠遠不及數位網路技術。

為了引起重視，同時洗刷被汙名化的製造業，我決定寫幾篇文章來談談「從製造角度看創新」；而第一個要談的，就是最近很流行的「共享經濟」。

共享經濟

共享經濟的簡單定義，就是：透過網路技術將閒置資源再利用，而產生出來的新商業模式。

目前大家耳熟能詳的例子如Airbnb和優步，就是利用網路技術，分別提高每個家庭閒置的房間／床位和私家車的使用率，來創造額外的收入。

其他同類共享經濟的例子，基本上都圍繞著家庭或消費者端食衣住行的閒置資源來共享。於是，諸如停車位、家庭晚餐、禮服、樂器，甚至於家中的寵物，都有人拿出來共享變現。

甚至於中國大陸李克強總理，還把英文的「Sharing Economy」翻譯成「共享經濟」與「分享經濟」二種不同的定義。

他認為，「分享經濟」是指個人、組織或企業，通過第三方網路平台分享閒置的實物資源或認知盈餘，以低於專業提供者的邊際成本提供服務，並且獲得收入的經濟現象；其本質則是讓使用者「以租代買」，來取得資源的支配權與使用權。

至於「共享經濟」，一般是指以獲得一定報酬為主要目的，將物品使用權暫時轉移給陌生人的一種新經濟模式；其本質是整合線下的閒散物品、勞動力、教育醫療資源。

也有人說，共享經濟是由人們公平享有社會資源，各自以不同的方式付出和受益，共同獲得經濟紅利。

我覺得，李克強總理的定義有點「為賦新詩強說愁」的意味，反而把問題複雜化了；但他確實提到了一個重點：「以低於專業提供者的邊際成本提供服務，並且獲得收入」；但在實務上，不僅是「低邊際成本」，甚至還有可能是「零邊際成本」。

分時共用

在中國大陸流行過一陣子的「共享單車」，雖然打著「共享經濟」的旗號，但是實際上是一種「分時共用」（time sharing）的商業模式。

分時共用的商業模式，早已經廣泛應用在我們的現實生活中，並不是什麼新概念；例如計程車、旅館、健身房、俱樂部，甚至於昂貴的豪華遊艇、私人飛機等。

差別在於，「分時共用」的標的物品，是商家購買來專作為商業用途的生財工具；如果使用率不高的話，巨額折舊將會導致虧損。而「共享經濟」的標的物品，則是已經存在的「沉沒成本」（sunk cost），邊際成本自然可以視為趨近於零。

因此，共享經濟的標的物品提供者，在已經擁有物品、已經付出沉沒成本、使用率低的情況下，即使沒有「共享」營運，也不會有虧損問題。

但是，實質為「分時共用」、卻打著「共享經濟」旗號，大舉募資燒錢，造成城市交通和市容亂象的「共享單車」，在巨大資產投入之後，還必須付出高額折舊、維修、人事、廣告、行銷和營運費用；在入不敷出、月月虧損的情況下，只好一家家破產了。

從製造的觀點看共享經濟

我在第一本書《創客創業導師程天縱的經營學》中的〈製造業以降低成本創造利潤的實務〉一文提到，製造業要賺錢，關鍵在幾點：

一、提高良率，降低損耗；
二、檢討線平衡；
三、高稼動率；
四、產能平準化。

共享經濟的基礎，在於共享物品的低使用率；以製造業的術語來說，就是「低稼動率」。在製造業中，生產設備都非常昂貴，提高稼動率就會降低折舊分攤費用，自然就提高了利潤。提高稼動率最好的方法，就是增加訂單、提高營收；但是相對地，也要增加人力和物料，於是產生了二十四小時三班制或日、夜二班制，以提高生產設備的稼動率。

如果訂單無法讓生產線滿載，那麼就要想辦法，至少讓昂貴的生產設備二十四小時開機稼動。

這使得「生產製造」和「共享經濟」有了共同點：

一、首先，都有昂貴的沉沒成本；

二、其次，都是低稼動率；

三、提高稼動率的邊際成本很低，但可以增加營收與獲利。

WeWork共享辦公室的案例

我們先看看一個利用「共享經濟」的概念，來共享辦公室的成功募集案例WeWork。有關WeWork的故事，請各位讀者參閱這篇報導（https://bit.ly/WeWorkHK），本文就不再贅述了。

截至二〇一九年一月，WeWork在二十九個國家的一百一十一個城市設有五百二十八個辦事處，擁有五十二萬七千個用戶，其中四〇%用戶是企業客戶的員工。

二〇一八年十一月十四日，根據路透社（Reuters）的一份投資者報告顯示，WeWork從日本軟銀集團（SoftBank Group Corp.）獲得三十億美元的新增投資。打著共享經濟的旗號，WeWork估值在二〇一九年一月一度達到四百七十億美元。

根據CB Insights數據顯示，二〇一九年年初，優步估值七百二十億美元，WeWork估值四百七十億美元，Airbnb估值二百九十三億美元，中國大陸的「滴滴出行」估值也有五百六十億美元。看來，共享經濟的新創公司都勢不可當。

WeWork在二〇一八年底開始規劃公開上市，二〇一九年八月遞交股票上市說明書，計劃透過上市集資至少三十億美元。

但是這項計劃卻遭遇了挫敗，估值和商業模式遭到投資者重大質疑；因此WeWork不得不在十月一日正式宣布，撤回向美國證券交易委員會（SEC）提交的股票上市說明書，延後上市時間。

股票上市說明書顯示，從二〇一六年到二〇一八年期間，WeWork的淨虧損額從四．二九億美元，持續擴大至一九．二七億美元；二〇一九年上半年，淨虧損額則達到九．〇四億美元，較去年同期增加了二五．二％。

這些數字意味著，在二〇一九年上半年之中，WeWork每獲得一美元收入，就要虧損約二美元。

WeWork的商業模式其實很簡單：就是在市場上找到房產，長租下來（WeWork通常與業主簽訂十到十五年租賃合約），改造成共享辦公空間，然後以更高的價格出租給個人或者新創公司。

簡單說，WeWork就是一家房地產二房東公司。

因此，WeWork「共享經濟科技公司」的屬性遭到投資者質疑，認為它只是一家房地產企業，不宜估值過高。二〇一九年九月，在決定放棄首次公開發行的時候，WeWork的估值已經降到一百億到一百二十億美元之間——相較於年初的四百七十億美元，蒸發了近七五％。

共享經濟真假難辨？

讓我們從製造觀點，來檢視一下WeWork共享經濟公司的屬性：

一、都是昂貴的「沉沒成本」：對於辦公大樓業主或是WeWork而言，房產確實是昂貴的沉沒成本；業主是花在購買，WeWork花在長期租用。

二、都是「低稼動率」：如果業主將辦公室租給了WeWork，那麼對業主而言，已經是百分之百的稼動率了；但WeWork將辦公室切割空間分租，或以座位單位出租之後，低稼動率問題則由業主轉給了WeWork。

三、提高稼動率的「邊際成本」很低：對於WeWork來說，邊際成本非常高；包括龐大的組織與人事費用、巨額的行銷廣告費用，都是造成巨額虧損的主要原因。

嚴格說起來，WeWork只是一個披著共享經濟外衣的共用空間（co-working space）或孵化器（incubator）。

究竟有沒有共享經濟模式下的「共享辦公室」？

WeWork的辦公室確實是很昂貴的沉沒成本。因為簽的是十到十五年的長期租賃合約，所以如果分租情況不如預期，那麼稼動率低、虧損則不可避免。此外，邊際成本也非常高，包括裝修、人事、營運、廣告、行銷等；在這樣的狀況下，實在很難有賺錢的可能性。

如果從製造業者的觀點來看，以上分析的盲點就在於「稼動率」。設想位於城市最好地段的辦公大樓，就是製造業的昂貴生產設備；那麼，目前所有的辦公大樓的稼動率都低於五〇%。

因為，標準的白領上班時間就是八小時，加上中午吃飯時間、加班時間、彈性工作時間等，也不過就是十二個小時，而且這些都還只統計了週一至週五的稼動率。

在製造業裡，除了定期檢查維修之外，有些設備必須每週七天、每天二十四小時開機稼動；不僅僅因為設備昂貴，還必須考慮到開機停機所產生的各種費用。

以每週七天、每個工作日辦公室使用十二小時計算，還不計入國定假日：**即使是一線大城市的昂貴辦公室，稼動率也還不到三六%**。

如果有人想到，如何利用這些閒置的時間，並且善用高科技時代的網路技術使其落實，那麼市值超過千億美元的獨角獸就出現了。

結語

除了本文中提到的「沉沒成本」、「稼動率」、「邊際成本」之外，共享經濟的商機還存在於：

一、共享的標的物件越昂貴，價值越高。

Airbnb的標的物件是閒置的房間或床位，而優步的標的物件是閒置的私家車，共用辦公室的標的物件則是昂貴的辦公空間。

還有什麼呢？珠寶貴不貴？使用率有多高？台灣的珠寶首飾店多不多？每一個店至少要有上千萬台幣的庫存現貨，週轉率高不高？

二、對企業服務（B2B）比對消費者服務（B2C）的價值更高。

Airbnb、優步和目前許多圍繞著食衣住行的「共享」，都是瞄準消費者市場的平台與應用。在網路思維的影響下，大部分新創公司只重視消費者的平台、數據、流量，而忘記了真正有錢的大企業需求。

對於新創公司來說，比較容易起步的是企業客戶；而滿足一個大客戶的需求，比滿足成千上萬的消費者容易多了。

所以，真正的共享辦公室經營對象應該是B2B，而不是B2C。

三、跨界才能創新，從製造觀點也可以創新商業模式。

由於科技進步太快，或許許多人都忘記了：在第一次工業革命開始之後的二百年間，大部分的創新都發生在生產製造領域；各行各業，包括實體與虛擬，製造與服務，都必須有產品，而產品的生產製造也永遠都有需要。

從製造的觀點來看各種新的商業模式，我們就可以發現許多過去「視而不見」的新商機，而這就是跨界創新！

9

共享辦公室有商機嗎？

前一篇文章中，談到共享辦公室失敗的案例WeWork；並且總結失敗的原因，在於它的商業模式本質其實是「二房東」地產商，而不是共享經濟的核心精神：提高閒置資產效率，以得到額外的營收獲利。那麼，共享辦公室能否獲利的關鍵又在哪裡？

WeWork的模式說穿了，和現正流行的「孵化器」、「加速器」、「育成中心」、「共用空間」等設施（以下簡稱雙創空間），其實沒有什麼不同。

雙創空間的商業模式

不同的是，這些模式是搭上了「創客運動」的風潮，打著「雙創：創新創業」的旗號；而WeWork則是搭上「共享經濟」的熱潮，打著「共享辦公室」的旗號，學著「網路公司」圈錢、燒錢、建平台、搞規模，但卻賠大錢的手法。

雙創空間的業者本質上都是「房東」，但在空間的基礎上，提供了許多「加值服務」給房客。

雖然這類空間的「房租」，可以因為提供了額外的加值服務，而高於純地產租賃業務的市場行情，但想要因此而形成規模、擴大營收獲利，幾乎是不可能的事。在一窩蜂的情勢下，競爭非常激烈；如果只靠房租收入，恐怕連生存都有問題。

在這些雙創空間的背後，其實都有「投資基金」在撐腰，包括種子基金、天使基金、創投基金、家族投資基金（俗稱Home Office）等；所以這些**雙創空間只是各種投資基金的前沿機構，用來發現有潛力的新創公司，以便達到早期投資的目的**。

現在坊間有許多創業競賽活動，美其名曰「鼓勵、支持年輕人創業」，透過參與競賽，評審得獎的過程，讓新創團隊得到融資與知名度「名利雙收」的機會。

其實，這些模式本質上還是透過資本投資，期望獲取暴利的手段；所謂雙創空間、創業競賽，不過是這些投資者用來早期發現投資標的、降低投資風險的手段罷了。

WeWork模式

WeWork比雙創空間更糟的是，它並非以投資新創、發現獨角獸為目的，也就不會有後續的投資報酬；它反而仿效許多網路公司圈錢、燒錢的模式，希望能夠建立規模與流量，成為一個大平台。

如果仔細分析一些成功的網路公司，可以發現一些共通的關鍵條件：**創造價值的商業模式、高科技的解決方案，以及創業初期「輕資產、低費用」的架構**。

WeWork的長期租借合約和快速發展，使得它背負著巨大的費用；在它的營運模式和工作團隊中，也沒見到有什麼高科技研發團隊和技術。最重要的關鍵是：**WeWork沒有創造新價值，反而增加了營收風險**。

前一篇文章中提到，共享經濟的三個前提：

一、首先，都是昂貴的「沉沒成本」；

二、其次，都是「低稼動率」；

三、提高稼動率的「邊際成本」很低，但是可以增加營收與獲利。

對於WeWork來說，辦公室的長期租賃合約並非「沉沒成本」，而是「新增成本」。

對於辦公室業主來說，如果長期租給WeWork，稼動率就可以達到一〇〇%；但WeWork在花大錢裝潢好之後，還得透過廣告行銷將辦公室「分租共用」。

這就像許多五星級飯店中的高級自助餐餐廳，如果達到甚至超過一定的客流量，就會賺錢；反過來說，如果沒有達到最低客流量，就可能會賠錢。

WeWork讓辦公室業主獲得一〇〇%的資產稼動率，但把租來的辦公室營運成本拉高之後，卻自己承擔降低之後的稼動率。

在沒有高科技加值服務可以提供給房客的情況下，就好像承包了五星級飯店的自助餐廳，卻只提供普通的菜色，又想收取高昂的費用，自然乏人問津，虧損也就不令人意外了。

如何提高辦公室稼動率？

從商業地產商的觀點來看，辦公室出租是所有使用權的轉移，就沒有稼動率的問題；而承租的房客，其辦公時間必定要符合《勞基法》，也就是週休二日，每週工作時數含加班不得超過四十八小時。

如果房東與房客都完全遵守上述的限制條件，而且不可改變，那麼要提高辦公室稼動率似乎是天方夜譚，一定辦不到的。

但如果從製造業者的觀點來看，業主為什麼不能將辦公室分成日班與夜班，分別租給不同需求的房客呢？對於思維被固化的人來說，這個想法更加是天方夜譚了。

創新的想法通常被認為是天方夜譚，即使是Airbnb和優步，在創業初期也同樣受到許多投資人的明嘲暗諷。

希望讀者們發揮想像力，試著想想：將白領辦公室空間分成日夜班，究竟是否可行？有什麼好處？商機在哪裡？

共享辦公室的蝴蝶效應

這幾篇文章將持續解析「共享經濟」所創造的價值來源；唯有創造價值，才能有可實現的商機和模式。如果能洞悉新模式的「蝴蝶效應」，並將產生的價值納入新商業模式的獲利，就有可能價值連城。

最近在微信群裡面看到了一則「蝴蝶效應」的短文，令人印象深刻。大意是說，一個香港人在台灣殺了香港女友，然後逃回香港，結果造成中國大陸的籃球迷，無法觀看NBA。

所謂「蝴蝶效應」（Butterfly Effect），是指在一個動力系統中，初始條件下的微小變化，能引起整個系統長期而巨大的連鎖反應。那麼，我就從這個角度出發，來談談「共享辦公室」的創新商業模式，能夠對台灣經濟產生什麼樣的影響。

新的場景

在前文〈談共享經濟〉中提到過「降低成本」和「創造價值」；有時候這二件事看似是二

個極端，但有時似乎也很難區分得那麼清楚。

在前一篇〈共享辦公室有商機嗎？〉，我曾經提出一個假設性的討論問題：如果將傳統商業辦公大樓的辦公室分日夜二個時段，分別租給二個不同的公司，對於業主房東和公司房客有什麼好處？是降低成本，還是創造價值？

現在，讓我們繼續來探討這個情境（scenario）：業主將一個辦公室分為二段各十二小時的時間，分租給二個不同的公司房客。

假設房東將日班房租打七折，將夜班房租打五折；在日夜班都租出去的情況下，總收入增加了二〇％。

日班房客的辦公室使用率本來就不到一半，放棄沒有用到的時間，讓租金降低三〇％，水電費用及公設分攤也有所降低；何樂而不為？

怎麼會有公司願意上夜班呢？台灣是個島國，缺乏天然資源，GDP主要來自進出口貿易，所以市場上依靠歐美客戶做生意的並不在少數。

對部分金融業人士而言，上班時間反而需要與歐美股市同步；由於時差的關係，上夜班也是常態。許多從事創意設計或研發工作的人都是夜貓族，晚上反倒是沒有干擾的高效率工作時間。

許多接受歐美軟體外包服務的公司，更是需要上夜班，以便與歐美客戶同步進行開發工作，或是舉行會議，效果比白天更好。

對於參與全球化競爭的公司而言，上夜班反而增加了核心競爭力；更何況房租費用可以降低一半？

對於上夜班的員工而言，可以避開上下班的尖峰時段，節省通勤時間；而且白天還可以去公家機關、學校、銀行，處理私事，不必另外請假。

如果房客們不想要永遠上夜班，那麼製造業有的是辦法，可以實行「十二到十二」的上班制（或雙方合議的時間切割），然後日夜二家公司實行每個月「倒班」、交換上下班時間。

蝴蝶效應

一、創新創業

創新創業在海峽兩岸已經蔚為風潮，尤其是在高科技純數位領域（pure digital domain）：網際網路、金融科技（FinTech）、人工智慧、區塊鏈、AR、VR、混合實境（MR）等，與軟體開發有關的創業。

這些以軟體開發技術人才為主的創業，大都必須設立在大城市的商業辦公大樓，才能真正吸引到軟體工程師加入；不像一般製造業的工程人員，即使是在市區外的工廠或工業園區上班也沒有問題。

中國大陸純數位領域的新創公司，大部分集中在北京、上海、杭州、深圳等大城市；由於軟體人才競爭激烈，加上大城市房價、房租上漲，使得創業成本和門檻越來越高，於是二、三線城市紛紛設立新創園區，祭出各種優惠政策和人才補助方案。

相對中國大陸來說，台灣軟體工程師的供應、能力與薪資，都具有極大的優勢與競爭力；**如果能夠透過「共享辦公室」的創新商業模式來提高稼動率，等於增加辦公大樓的供應、降低創業門檻**，將會使台灣成為華人創新創業的理想「科技島」或是「ＡＩ智慧島」。

二、吸引台商回流投資研發

美中貿易戰將會變成常態，政府藉此機會吸引台商回來投資。如果是製造工廠搬回台灣的話，台灣「五缺、六失」*問題懸而未決；加上國人環保意識抬頭，台商回流勢必成為口號，無法落實。

對於大陸台商和台灣大企業而言，「共享辦公室」將提供在大城市商業區設立研發中心所需要的空間，以及相對較低的租金。

只要形成研發聚落，就會產生如同滾雪球般的效應；大陸台商和台灣傳統產業的轉型升級，也就不成問題了。

我輔導過的許多台灣新創公司之中，其實最好的營運模式就是：研發在台灣，生產製造在東南亞，市場在歐美。**共享辦公室或許是台灣成為科技島「千里之行，始於足下」的第一步。**

三、解決城市交通問題

我退休之後回到台北定居，不開車也沒有買車，平常出門都搭乘捷運；偶爾趕趕時間，計程車也很方便。這是因為退休後的我，不必在上下班的尖峰時間出門。

其實台北的大眾運輸系統和道路建設，已經十分足夠與完善，問題在於尖峰時段超過最大負載量，平常時間又面臨低稼動率，問題正是典型的「不患寡而患不均」。

如果以上的二個「蝴蝶效應」都能實現，上班族通勤和城市的交通問題就會浮現。最妙的是，「共享辦公室」的日夜班制，加上「彈性工時」，自然會將上班族的通勤時間分流；不但可以增加城市上班族的總量，而且政府不必再等比例增加投資在交通基礎設施上。

＊「五缺」指缺水、缺電、缺工、缺地、缺人才；「六失」則指政府失能、社會失序、國會失職、經濟失調、世代失落、國家失去總體目標。

四、城市的夜經濟

二〇一九年九月八日，我去新加坡參加會議，主辦單位順便安排了城市旅遊；導遊提到就在幾個月前，深圳政府有個考察團到新加坡來，交流學習城市夜生活造成的「夜經濟」。

在經過金融區時，導遊介紹新加坡有二個金融區，非常好區分；先開發的第一金融區，在一入夜之後就一片黑暗，像個空城。新的第二金融區在規劃階段，就結合了觀光與餐飲，所以入夜後仍然人潮洶湧，這個就是典型的「夜經濟」。

不久之前在網路上流傳一則新聞：中國計劃在二〇二二年之前發射三顆「人造月亮」衛星。這三顆衛星塗有能夠反射太陽光的特殊材料，衛星的原理和月亮相似，都是利用反射的太陽光來照亮夜空。

這三顆人造月亮衛星可以進行三百六十度調整，也可以進行人為控制改變它的照射區域；每一顆的亮度都是普通月亮的八倍，照射範圍廣達約幾十公里。

這個想法來自成都一個民營企業的商業計劃；他們希望把人造月亮投入使用，以節省大約十億人民幣的電費，具有很大的商業價值和經濟效益。

這個人造月亮計劃，我認為最大的貢獻不是節省電費，而是為「夜經濟」提供了一個重要場景。

但是，如同美國賭城拉斯維加斯，雖然號稱是不夜城，但是夜晚的人流明顯較白天少了很多；因為，「夜經濟」的主體仍然是「人」，沒有人就無法產生經濟活動。

如果「共享辦公室」能夠將三分之一到二分之一的城市白領階層分流到夜班，則會帶動城市的餐飲服務業、交通運輸業，甚至觀光旅遊業，就自然產生了龐大的「夜經濟」。

結語

當Airbnb、優步剛創立時，許多投資人認為這些生意模式是天方夜譚，毫無價值，使得其初始募資非常困難；如今，「共享經濟」已經得到不少投資人的認可，但也造成了許多「偽共享經濟」的追捧。

這幾篇文章試圖解析「共享經濟」所創造的價值來源，唯有創造價值才能有可實現的商機和模式。如果可以洞悉新模式的蝴蝶效應，並將產生的價值納入新商業模式的獲利，就有可能價值連城。

這個蝴蝶效應帶動的將是一個龐大的產業，也是台灣在網路和數位經濟可能後來居上、趕上歐美和中國大陸的機會。

可能嗎？下篇文章再談談可行性。

11

共享辦公室商機遍地，但該如何掌握？

科技進步加上網路普及，使得許多開發中國家在基礎建設方面得以後來居上；而這種進步的速度，也迫使已開發國家的企業必須提早進行全球化的貿易與布局。這裡面存在著許多商機，你能掌握嗎？

這個系列的文章以共享經濟開頭，談到日夜班的共享辦公室；上一篇談到創新科技的蝴蝶效應，讀者江致廣在我的臉書文章下留言說：

雖然老師的點子很有趣，我也想過這個辦公室日夜閒置問題；但更加深入思考之後發現，這種日夜交換的辦公場域充滿很多隱形成本：包括辦公設備的遷移、心理的不安定感等等，省下的租金不一定划得來，只好當作一個有趣思想實驗就此作罷。

辦公室革命

一九九〇年代早期，我在北京擔任中國惠普總裁，許多美商也都已經開始布局中國大陸。雖然外商投資尚未進入爆發期，北京、上海等一線城市的改革開放建設也才剛開始，所以像樣的辦公大樓非常少，租金也高得嚇人。

外商派駐北京的主管都攜家帶眷，因此能夠選擇的公寓也有限，大部分都住在位於四環外、靠近北京機場的麗都公寓（Holiday Inn）；四十坪不到的小小公寓，月租金高達一萬五千美元，仍然供不應求。

在外商積極擴充的情況下，辦公室租金成了一筆極大的負擔；因此，跨國公司如IBM、惠普等，都嘗試引進許多西方企業的先進做法，以便在建立西方企業文化的同時，也能夠降低辦公室租金費用*。

於是外商公司推動了第一波「辦公室革命」，包括「自由著裝」、「彈性上下班時間」、「行動辦公室」（mobile office），並且鼓勵外勤人員在規劃好行程之後，上班就直接去拜訪客

---

* 辦公室租金是「占用成本」（occupancy cost）的一種，占用成本是指建築物及相關土地從占用到處置的生命週期成本（whole-life cost）。

戶，不必到公司打卡。

這些做法的用意良善，不僅提高了工作效率，而且可以減少辦公室使用空間、降低成本；然而，這種新制度卻忽略了一個基本原則，就是員工必須要能夠「自律」。

在剛剛改革開放的中國，大部分本地員工原本都已經習慣於社會主義計劃經濟，一切聽從領導者的指示；一旦忽然有了大量「自主決定」的空間，就天下大亂了。

在人性化管理的前提下，公司開始給予員工「自由著裝」的權力，尤其不強求內勤人員穿西裝打領帶；但這個制度只試行了幾個月，就不得不結束了。因為有員工穿著短褲、內衣、涼鞋，把辦公室當作自己家。

當時，許多人並不知道什麼是「商務休閒」（business casual），也就是雖然可偏休閒，但仍應整齊俐落的穿著方式。

這些現象當然讓外商主管受不了，所以「自由著裝」只維持了短短幾個月就壽終正寢了。

彈性上下班和上班打卡

此外，鼓勵業務、軟體支援工程師、硬體維修工程師等外勤工作人員多出門，更頻繁拜訪和服務客戶的「彈性工時」、「取消上下班打卡」，也在不到一年的時間內宣告失敗。

當時在各分公司視察時確實發現，大部分外勤工作人員上班時間都待在辦公室裡，因此他們部門的座位都是滿的；這也促使我開始調查研究，並且貿然實施彈性工時和取消打卡，鼓勵外勤人員花更多時間在客戶端，不要待在辦公室裡，以期達到提高效率和生產力的目標。

一段時間後，發現業績沒有明顯的提升，可是外勤人員的離職率卻大幅增加。我在四處打聽詢問之後才發現，許多員工都開始玩股票，上班時間並沒有去客戶那邊，而是跑到「號子」（證券商的營業大廳）去看盤了。

許多西方企業人性化管理的成功做法，移植到東方企業卻失敗了；主要原因就在於價值觀不同，更重要的是員工的自主性和自律程度不同。

在需要軍事化管理、強調紀律和服從的產業方面，東方企業比較容易勝出；在需要人性化管理，強調高自主性、自律、創意、創造的產業，西方企業則比較有優勢。

行動辦公室

什麼是行動（或移動）辦公室呢？最簡單的比喻就是圖書館。當你到圖書館去的時候，不管是帶著自己的書，或是借圖書館的書，找到一個空位就可以坐下來讀書或進修，不會有固定的座位。

雖然當時因為「彈性工時」和「取消打卡」的做法以失敗告終，所以並沒有實施「行動辦公室」，但是我確實花時間做了一些調查研究，結論是可行性仍然很低。

從心理層面來看，行動辦公室讓員工失去了「歸屬感」，尤其是在當時的中國大陸，社會主義時代一切都是國家擁有的，工作生活都是國家安排的，當時的員工心態確實是「廠家難分」。

試想，當你回家後發現，不但沒有你的房間，連床位都沒有，你的失落感可以想像。對當時的員工來說，辦公室和家沒有多大的區別，都是國家和領導安排的。

從實務層面來看，去圖書館所需要的就是書、筆記、文具，但辦公室白領所需要的工具包括桌上型電腦和電話機；沒有了這二樣東西，就失去了生產和通訊的能力。

在當時，這些工具都是被「電線」(包括強電電線和弱電數據線)固定在座位上的，無法「移動」。

如今，這些將辦公室白領束縛在固定座位上的工具，都已經變成無線運作；只要有一套筆記型電腦和手機，四處都可以辦公。

打破部門藩籬

幾年前，我去日本拜訪了海爾集團在日本的研發總部，由海爾集團總部派駐在日本的時社長接待。在海爾收購日本松下旗下「三洋電器」的白色家電部門之後，只從山東青島派駐了二位經理人，來負責這個研發中心。

時社長為我做了詳盡的介紹，也參觀了產品展示間，還有許多正在研發中的智慧冰箱和洗衣機。

在座談交流時我最感興趣的，是海爾如何融合不同國家的企業文化、克服各種問題，以達到併購的目的，許多話題也都圍繞著這個主題打轉。

沒有料到的是，時社長居然提到，他們在這個以日本人為主的研發中心實行了「行動辦公室」。

照道理說，行動辦公室應該比較適合外勤人員多的單位，以便降低成本；但這個研發中心地處郊區，由於併購後組織調整、人事精簡，辦公室多出了許多閒置空間，而且九成以上都是內勤人員，為什麼還要實施行動辦公室？

時社長解釋，海爾在併購完成後發現，日本企業的本位主義根深柢固，不同部門之間很少交流；即使同屬一個研發中心，不同研發單位之間也很少往來。

更何況研發與市場行銷部門幾乎是二個不同的世界，連語言用詞都不一樣。

於是海爾決定實施行動辦公室制度，部門之間的藩籬必須打破，以強迫不同部門的研發工程師彼此交流；而最好的方法，就是不讓同部門的人坐在一起，而且沒有固定的座位。

剛開始實施的時候，研發中心的人員反彈很大；但日本人有個好處，就是很容易服從上級的指令。實施沒有多久就發現了一個問題：雖然規定同部門的人不許坐在一起，但每個人都會選定一個習慣的座位；也就是說，實際上每個人還是都坐在固定的座位上。

每個人的座位固定以後，附近鄰座都還是固定的人，達不到每天與不同鄰座交流的目的。因此公司又下了一道規定，每天不許坐在固定的位置；經過了幾乎二年，才讓大家習慣了這種做法。

透過員工意見調查，行動辦公室確實帶來了很多溝通和交流的好處，所以研發中心幾百人現在相處如家人，彼此都非常熟悉；工作效率和部門之間的合作，也比以前順暢多了。

帶自己的行動裝置來上班

海爾集團的日本研發中心，是大企業實施行動辦公室成功的一個案例。在歐美，小型企業對於成本的考量更加重視，不僅擁抱行動辦公室的新模式，更有許多走在潮流尖端的做法。

由於行動裝置的儲存容量越來越大、處理器運算速度越來越快，使用者無論用於公事或私事，都可以只用一個裝置，更增加上班族的行動彈性。

於是，歐美的中小企業也開始讓員工攜帶自己的（行動）裝置到工作場所（bring your own device, BYOD）；小公司可以降低成本，員工也得到彈性、方便移動的好處。

資訊安全和雲端服務

在過去的ＩＴ時代，行動辦公的最大阻礙來自如何確保資訊安全，讓公司機密不外流；因此，稍有規模的公司一定有自己的ＩＴ部門，大大增加了公司的營運成本。

在今天的網路時代，亞馬遜和微軟等大企業提供「軟體即服務」（software as a service, SaaS），不僅讓企業免掉了昂貴的伺服器投資，同時也解決了資訊安全的問題。

用圖書館的比喻來說，不但員工不必再有固定、專屬而使用率偏低的辦公室座位，連圖書館的圖書、書架和空間，全部搬到「雲」裡面去了。

大家都知道亞馬遜是全世界最大的電商公司，主要的營收來自電商交易平台；但可能很少人知道，亞馬遜有八〇％的利潤居然來自於亞馬遜雲端服務（Amazon Web Services, AWS）。企業不論規模大小，使用雲端服務已經形成潮流和趨勢。

台灣經濟的數位化進程，也可以從檢視台灣企業使用雲端服務的比例來看出端倪。

遠距辦公與在家辦公

科技進步加上網路普及，使得許多開發中國家在基礎建設方面後來居上，例如跳過固話，直接進入行動電話；這種進步的速度，逼使已開發國家的企業必須提早進行全球化的貿易與布局。

從另外一個角度看，城市化與全球化幾乎同步並行，使得城市中的房價與房租不斷上漲；不但使得創業門檻不斷提高，也讓中小企業的全球布局成本節節攀升。

網路時代也是人才競爭的時代，為了網羅全國各地甚至全球各地的人才，就不能強迫他們必須搬遷；於是，遠距辦公（remote office）或在家辦公也因此成了一種趨勢。

結語

如果在十年前，白領階級上夜班或許是不可行的；因為當時許多科技手段還無法解決企業的實際問題，企業主和員工的心態、習慣也無法接受這種太超前的做法。

但是在今天，科技與網路已經改變了世界，許多「共享辦公室」的配套措施和條件已經成熟。

藉由這個系列四篇談「共享經濟」和「共享辦公室」的文章，希望提醒有意創業的年輕人，任何時候都是創業的好時機；只要能夠嗅到商機，並運用高科技手段來解決目標市場客戶和用戶的問題、滿足他們的需求，你或許就會是下一個獨角獸。

回到本文開頭的讀者留言：

……這種日夜交換的辦公場域充滿很多隱形成本，包括辦公設備的遷移、心理的不安定感等等，省下的租金不一定划得來，只好當作一個有趣思想實驗就此作罷。

困難嗎？當然困難，創業那麼容易、獨角獸那麼好當嗎？

至於提出這些想法，對我有什麼好處嗎？「創意不值錢，如果不去實現的話，只能扔進垃圾桶」；機會到處都有，實現才是商機；就要請大家自己思考發揮了！

12

餐飲業也可以創新

跨界才能創新，而從跨界觀點分析成功商業模式，以製造業角度解讀眾所熟悉的餐飲服務，或許可以激發更多創意。同樣的觀察方法，也可以跨進其他服務業，碰撞出更多火花，創造出新的商機。

我在二〇一五年九月二十八到三十日遠赴奧地利，參加了薩爾茲堡大學（University of Salzburg）主辦的一場網路論壇，後來寫了一篇〈亞洲製造移回歐美真的好嗎？〉來解釋「生產數量」和「生產模式」之間的關係，並稱之為「製程生命週期」。這篇文章收錄在《創客創業導師程天縱的管理力》書中。

根據產品的種類、特性、數量、生命週期，製造的方式會有所不同；依生產數量來說，可以分成以下四種生產方式：

一、極少量：作坊生產（job shop making）；

二、少量多樣：批量生產（batch process）；

三、多量少樣：裝配線生產（assembly line）；

四、單一大量：流水線生產（continuous flow）。

在發表這篇文章之後，有幾位朋友跟我聊起，這些製造方法似乎都只適合硬體製造業，那麼服務業應該怎麼辦呢？

於是我又發表了〈跨界才能創新——談談製造業和服務業的生產方式〉（收錄於《創客創業導師程天縱的管理力》書中），特別提到，從做生意的本質上來看，製造業和服務業的差異不是很大。產品如果能夠為目標客戶創造價值，客戶就願意花錢來購買；所以產品可以是硬體，也可以是服務。

文中提到硬體產品的生產模式「製程生命週期」，也可以適用於服務業，並且舉了餐飲業、印刷業和諮詢服務業的不同目標市場和產品數量作為例子。

餐飲業的「製程生命週期」

我在文章中解釋，在餐飲業，滿漢全席採取「作坊生產」模式，五星級或高檔餐廳則採取「批量生產」模式。

西方速食店如麥當勞（McDonald's）、肯德基（KFC）、漢堡王（Burger King）等，餐廳後台則採用「裝配線生產」模式。

如果讀者看過《速食遊戲》（*The Founder*）這部電影，是由金球獎（Golden Globe Awards）最佳男主角米高基頓（Michael Keaton），扮演麥當勞創始人雷・克洛克（Ray Kroc）。在故事一開始時所擔任的職業，就是一個做奶昔機器的挨家挨戶推銷員（door-to-door salesman）。

一九四八年，麥當勞兄弟在加州聖貝納迪諾（San Bernardino）開設了第一家麥當勞餐廳；他們獨創的漢堡餐廳生意非常好，居然同時使用八台奶昔攪拌機。而克洛克靠著堅持和商業謀略，奪走了真正創始者麥當勞兄弟的創意，成功創立了全球性的事業，也就是現在大家熟知的麥當勞集團速食連鎖店。

麥當勞兄弟的創意是什麼呢？就是在餐廳後台設計了「裝配線」，快速生產多量少樣的速食漢堡套餐，大幅度降低顧客等待時間、使用的人手、用餐空間及成本。

最後，在連鎖大賣場興起後，為冷凍食品業提供了新的通路和商機，使得消費者可以在家用餐，並且享受量產帶來的低價；而冷凍食品業者則可以用「流水線」模式來進行大量生產。

餐飲業的創新模式

餐飲業是一個極有創意的行業，除了在菜色上面可以有研發和創意以外，在生產模式上也可以有創意，導致新餐飲模式的誕生。

一、自助餐

據說，真正的自助餐起源於八世紀至十一世紀的斯堪地那維亞半島（Scandinavia）；那時半島上有很多海盜，海盜們有所獵獲的時候，就要由海盜頭領出面大宴群盜，以示慶賀。但海盜們不熟悉也不習慣當時西歐吃西餐的繁文縟節，於是別出心裁，發明了這種自己到餐檯上自選、自取食物及飲料的吃法。

後來餐飲業將海盜們的吃法加以正規化，並豐富了食物的內容，就成為我們今天所熟悉的自助餐；所以至今還有很多西方自助餐廳冠以「海盜餐廳」的名字*。

撇開以上的故事不說，讓我們從製程來分析一下自助餐廳的商業模式。自助餐的後台生產模式，是標準的「批量生產」，以達到「少量多樣」的餐飲呈現。

＊編按：至今在日本，自助餐的形式仍然因此被稱為「バイキング」（Viking，也就是「維京海盜」）。

然後根據食材、菜色、餐廳裝潢、地點，可以區分為五星級飯店自助餐廳、中檔或庶民的家常菜自助餐，價格也差別很大。

從客人前台服務來看，自助餐又是一種「裝配線」的模式，只是由客人自己裝配自己的餐點；這樣既可給客戶極大的自由選擇權利，又可以減少前台服務人員的數量和成本。

最重要的一個關鍵，在於批量生產的模式很難形成規模、服務大量的客人；可是只要讓客人自己裝配，就可以同時應付大量的客人。

生意好的高檔自助餐廳，除了午、晚餐之外，又增加了比較平價的下午茶，更進一步提高了空間使用的稼動率，降低了占用成本的分攤比例，也增加了利潤率。

二、鐵板燒

鐵板燒的起源有多種說法，有人說是十五世紀西班牙人發明的，也有人說是十九世紀中江戶幕府末年，由傳統的日本鋤燒基礎上演變而成的。

姑且不論鐵板燒是誰發明的，但是大家都應該可以同意，是日本人發揚光大的。但在引進台灣之後，結合日、法、台式料理，又形成自成一格的「台式鐵板燒」；然後有業者結合夜市和百貨公司美食街推出「平價鐵板燒」，充分展現了台灣人在餐飲業上的創意。

讓我們從製造業製程的觀點，來分析鐵板燒這個創新餐飲模式的例子。

坊間的鐵板燒菜單都以套餐為主；雖然食材有海陸空的不同，事實上客人的選擇不多。所以在製程上來講，應該是屬於多量少樣的「裝配線」，有點像速食餐廳，應該是走低價大量的路線。

但鐵板燒餐廳採用了一種創新的模式，**結合後台「作坊生產」與前台「客製化服務」來呈現**，而不是以「裝配線」的模式來生產；因此，鐵板燒廚師必須現場服務、跟客人聊天互動，偶爾還會耍耍刀技來娛樂客人，再加上高檔食材，使得客人心甘情願為作坊生產的價格埋單。

鐵板燒這種創新餐飲模式，雖然可以抬高客單價，也有一個缺點，就是無法接受大量的客人。

為了能夠接待更多用餐客人，提高「翻桌率」，有的高檔鐵板燒餐廳會另闢一個區域，讓客人在用完鐵板燒正餐之後，移駕前往享用甜點與飲料，以提高昂貴的鐵板燒廚師和設備的稼動率。

從這個觀點來看，每一檯鐵板燒，又是一種「批量生產」的模式；鐵板燒檯和甜點區是不同的工作站，進行批量移轉，這不是很有趣嗎？

三、迴轉壽司

我發現日本料理非常注重「客戶體驗」，除了滿足味蕾之外，提供了視覺饗宴，親眼目睹廚師的手藝；還可以跟主廚聊天互動，增加許多料理的專業知識。

在高檔日本料理餐廳中，最好的位置就是「板前」（いたまえ）。這是什麼意思呢？「いた」（板）的意思就是「砧板」，「砧板前」就是料理食物的地方；在美國，老外會把這些板前的位置叫做「sushi bar」。

坐在「板前」用餐的體驗，就如同鐵板燒餐廳一樣，因此價格也是不菲；但日本料理餐廳除了板前有限的座位外，還提供了堂座和包廂，這是和鐵板燒不同的地方。

有些名氣響亮、生意興隆的日本料理餐廳，為了提升稼動率，採用無菜單模式，並且需要預訂開始時間和用餐時間。等於把客製化「作坊生產」悄悄變成了「批量生產」，板前師傅一道道批量生產的料理同時送出，客人同時享用；例如位於信義新光A9七樓的「初魚」料亭便是如此。

「客戶體驗」和「規模化」永遠是站在對立面，好的客戶體驗必定走高價路線，也限制了客流量；因此，大量的消費者就無法經常去昂貴的日本料理店享用美食。

於是聰明的日本人，就發明了**可以增加稼動率和客流量**的「迴轉壽司」，以平價美食滿足較低收入消費者的需求。

據說，迴轉壽司是由經營「站著吃壽司店」的大阪人白石義明發明的。當他因為人手不足而困擾時，偶然到朝日啤酒廠參觀，看到啤酒瓶在輸送帶上傳送，觸動了靈感。

經過五年研發，白石一九五八年在大阪開設了第一家「元祿壽司」，成為日本迴轉壽司的創始店。

讓我們從「製造業製程」和「生產自動化」的角度來分析這個餐飲模式。

迴轉壽司的後台廚房，採用的是「批量生產」的食材庫存模式，以提供客人「少量多樣」的菜色選擇；廚師則依據客人食用的品類「彈性生產」，補貨上輸送帶。

前台服務則採取自動化輸送帶，由客人自己坐在輸送帶前「裝配」自己食用的套餐。

在客座旁，輸送帶以每秒八公分的速度順時針方向轉動，這點是為了方便大多數的右撇子客人而設計的；因為當盤子由右向左轉動時，客人右手拿筷子，左手則可以取用來自右邊的壽司盤，不但比較符合人體工學，也給客人較為充裕的時間取下想吃的壽司。

迴轉壽司的自動化模式雖然可以節省人力，不過在迴轉的過程中，壽司也乾得比較快，容易影響口感；再加上生鮮程度和食品安全的考量，**壽司盤在輸送帶上的時間如果換算成距離，移動超過三十五公尺就必須下架**，這就牽涉到製造業的工業設計考量了。

此外，業者可以利用大數據分析瞭解不同地區分店的銷售狀態，準確掌握當地客人喜歡的壽司與菜色，以便準備食材原物料，避免缺貨或過剩的情況發生；透過自動掃瞄每個盤子上的QR碼（QR code），則可以加速結帳、提高翻桌率。

這些隱身幕後的技術，都是業者降低成本、增加利潤的關鍵。

四、無菜單私房料理餐廳

「無菜單料理」的法文稱為「carte blanche」，也就是「空白菜單」的意思；起源不可考，但是已經是風行全球的一種高檔餐飲模式。

二〇一七年在摩納哥舉行的「主廚世界高峰會」（Chefs World Summit）活動中，上百位來自世界各地的主廚齊聚一堂，探討許多有關美食的議題，其中一項主題便是餐廳的無菜單經營模式。

有興趣的讀者們可以上網參考這篇文章（https://bit.ly/3zaueXi），法國馬賽「AM」餐廳主廚亞歷山大．馬齊亞（Alexandre Mazzia）、上海「Ultraviolet」餐廳主廚保羅．佩萊（Paul Pairet）、巴黎三星餐廳「L'Astrance」主廚帕斯卡．巴博（Pascal Barbot），以及東京「L'Effervescence」餐廳的主廚生江史伸，都分別從主廚和客人的角度分享了對於無菜單模式的看法。

重要的是這篇文章的結論：

> 從白紙黑字的菜單模式中解放，無菜單料理賦予廚師更廣闊的發揮空間，食客也更能感受廚師的意念。不僅如此，由餐廳全權決定菜色內容，其實也讓食材庫存控管更有彈性，進而減少食物浪費。

無菜單料理餐廳是否能夠吸引源源不絕的客人上門，關鍵當然是主廚的手藝和創意；但從製造業的觀點來看，對餐廳最大的好處就是上面文章結論的最後一句話：「讓食材庫存控管更有彈性，進而減少食物浪費。」

餐飲業者，尤其是走高價路線的餐廳，為了保持食材新鮮和保證食品安全，庫存時間非常短，而且高級食材的庫存成本也非常高；所以，當天取得的食材必須在最短時間內生產、出貨、變現。

至於無菜單料理餐廳的製程，我想讀者們也都清楚瞭解，就是「批量生產」；少量多樣，但又只有一份菜單，客人不知道內容，也無從選擇；在高單價又低庫存成本的情況下，如果客流量高，會是很賺錢的營運模式。

結語

跨界才能創新，創新也大都來自邊緣；但從跨界的觀點來分析成功的商業模式，或許可以激發更多創意。

本文以製程角度來解讀眾所熟悉的餐飲服務模式，給讀者們一些啟發；同樣的觀察方法也可以跨界到其他服務業，或許會碰撞出火花，創造出更多新的商機。

總結本篇文章，從製造的觀點來看，餐飲業的成功商業模式有以下幾個重點：

一、製程：餐廳後台的廚師依客人點餐，準備食材烹煮美食的過程，就是製造業的產品製程，可以依訂單數量，採用不同的生產模式。

二、服務：餐廳後台的製程，可以結合前台服務，以自動化提高效率；更進一步採用高科技手段，利用網路、大數據、條碼、無線支付、人工智慧，降低成本，提高服務品質。如同製造業所謂的「工業四．〇」。

三、庫存：因為食材保鮮期很短，使得餐廳的庫存保存成本非常高；所以許多餐飲模式都是以減少物料（食材、菜單）種類、降低庫存作為目標。在製造業來說，就是減少材料表（bill of materials, BOM）內容、簡化供應鏈、降低庫存。

四、體驗：消費者喜新厭舊是正常的，尤其是在餐飲方面，所以餐飲業最大的資產就是「回頭客」；因此，提高服務品質、改善消費體驗，正是餐飲業能否賺錢最重要的關鍵。

第三章 餐飲業需要改革創新

顧客是「上帝」，還是「資產」？

一個國家的服務業，代表了這個國家的文化水準和公民素養。如果消費者能容忍商家訂定一些對顧客不友善的規定，那麼這個不友善規定的清單，一定會變得越來越長；最終，則是商家和消費者都會面臨「雙輸」的局面。

一九九二年一月我正式定居北京，當時東三環道路才剛開挖修建。通往機場的是一條老機場路，叫做霄雲路，雖然天空經常陰霾，但是兩旁高聳的楊樹非常秀麗。

老北京人形容北京的四季非常傳神：「冬長夏不短，春秋一眨眼」；意思是春秋季特別短，但是北京的四季還是非常分明：「三月下黃土，四月飄柳絮，十月看楓紅，新年迎瑞雪」。

每年三月，會有一場從西北過來的沙塵暴，當時就叫做下黃土；到了四月，滿城的楊樹開始落絮，在北京開著車，迎面飄來的白絮彷彿下雪一般，就叫做飄柳絮。

十月香山的楓紅，是北京的一景。老北京人都會到香山去賞楓；過年期間的北京，總是白雪靄靄，感覺到春節的氣氛特別強烈。

但是一九九二年的北京確實沒有什麼消遣娛樂，電視節目也如同台灣早期的聯播節目，內容千篇一律，如同當兵時候的莒光日節目。

在當時還沒有網路、沒有手機，又沒有進口雜誌和報紙的情況下，上班六天半，週末還真的不知如何打發。

於是，我挑了一個週末，自己一個人去了王府井的新華書店，想買幾本書打發時間。

顧客是上帝？

雖然是週日，偌大的書店卻沒有幾個客人在逛，顯得有點冷清；當時書店因為不是開放式的，所以客人沒辦法自己取書閱讀。

貼著牆壁站立的書櫃，擺滿了各式各樣的書籍，但是前面有一整排半人高、擺著書的玻璃櫃子，女服務生就站在玻璃櫃子和書櫃之間為顧客服務。

只見二位女服務生正在聊天，我呼喚了幾聲以後，他們終於注意到我，於是悻悻然停下來，回頭問我要做什麼。

我請服務生幫我從書櫃上取下一本書來讓我翻翻。服務生板著臉把書拿下來給我，接著回過頭去，繼續有說有笑地聊天。

翻了翻之後，實在沒什麼興趣，於是我又請服務生拿另外一本書給我看看。

服務生在聊天被我打斷，明顯地不高興，於是回過頭來提高聲量問我一句：「你到底買不買書？」把我嚇了一跳。

我只好搖了搖頭，回說「不買了」就掉頭離開；這時瞄到牆上寫著斗大的五個字：「顧客是上帝」。

回到家後，想想逛書店的經驗，不禁莞爾一笑。「顧客是上帝」的意思，就是「顧客不是人」。

口號治國

一九九〇年代的中國大陸，改革開放正在加速進行，到處都在進行基礎設施的建設。或許是經過文化大革命的破壞，到處都可以看到「加強精神文明建設」之類的標語和口號。

我在北京生活和工作的這六年當中，走遍大陸主要的一、二線城市；而每到了一個陌生城市時，如果想要知道這個城市什麼地方做得不好，只要看到處張貼的標語和口號就知道了。「精神文明建設」、「顧客是上帝」、「堅持環保優先」、「為人民服務」等等，多到不勝枚舉。

即使到了二〇〇八年，我在廣東四線城市河源附近的高速公路休息站，還看到販賣部牆上寫著「少一點怒氣，多一點微笑」。很明顯地，這十個字不是給旅客看的，而是給販賣部的服務人員看的。

看到這個標語，我不免露出會心的一笑，它說明了一件事：這個販賣部的服務人員態度不是很好。

相較於中國大陸，當時台灣人的服務態度就讓我十分懷念。也因為如此，許多來台灣旅遊的觀光客都給了台灣「最美的風景就是人」的評價。

台灣餐廳的奇怪規定

在台灣最具有代表性的服務業，也是每個人都曾經有經驗的，就是餐廳吧。可是最近幾次經驗，讓我不僅對台灣餐廳的服務留下不好的印象，也讓我對於「餐廳規定」開始有一些質疑。

一個多月前，朋友約我吃飯，特別挑了一家網路評價不錯，位於士林區的日本料理店；由於我有早到的習慣，朋友又碰上塞車，特別打個電話給我，請我先點菜。於是我請服務生幫我點菜，服務生態度很好地告訴我：「我們餐廳規定客人到齊了，才能點菜。」

看看四周坐不到二成、略顯空蕩蕩的用餐空間，我當下眉頭一皺，回問她說：「如果我一個人吃飯，可以點菜嗎？」

沒想到我這麼問，服務生當場楞住，想了一下然後回說：「那麼你可以先點菜，可是你們訂位是二個人，我們有規定，人到齊了才能出菜。」

我懶得跟服務生爭執，畢竟這是餐廳的規定，不是服務生能夠解決的。

又有一次，臉書朋友有急事請教我，臨時約下午一點在我家附近、小碧潭捷運站旁「京站時尚廣場」的一家餐廳。我平時午餐吃得早，所以朋友點套餐，我只點了一杯啤酒。

這時服務生發話了：「很抱歉，我們這邊有低消的規定，您一定要點一份餐，不能只點飲料。」

由於是上班日，不是週末，餐廳空蕩蕩的，沒幾桌有人，我不禁懷疑這是哪門子的規定？於是我請服務生找經理來，朋友覺得很不好意思，於是打圓場，又跟服務生點了一份套餐打包帶走。

最近的一次經驗，更是離譜。幾個朋友約我，在住家附近的一家小西餐廳用餐，當我拿起菜單時，被上面的一些規定驚呆了：

一、基本消費〇〇〇元（六歲以下孩童不在此限）；

二、禁用外食；

三、假日尖峰時段用餐時間為二小時；

四、自備酒類飲品酌收開瓶費〇〇〇元；

五、租借酒杯每個〇〇元；

六、購買酒飲免費提供酒杯，但如破損需以每個〇〇〇元購買。

餐廳最重要的資產是什麼？

於是我把年輕的老闆找了過來，閒聊幾句後才切到主題，我問老闆：「你知道餐廳最重要的『資產』是什麼嗎？」

老闆很有自信地回答說：「美食！」

我接著說：「每個人的口味都不同，你怎麼知道你的餐點，能夠讓每個顧客都覺得很美味呢？」結果老闆不知道怎麼接下去說。

我也不繞圈子，就直接說答案：「**我認為，餐廳最大的資產就是『回頭客』**。其實大部分服務業的最大資產都是『回頭客』；例如航空公司的哩程酬賓、便利商店的消費點數卡，都是為了吸引和獎勵『回頭客』的方案。」

我再問：「你們餐廳的顧客，為什麼會回頭再光顧呢？」

老闆說：「因為我們的餐點美味又有特色。」

我搖搖頭，對話到此結束，我知道這個老闆的腦袋已經固化了，很難被改變。這是整個行業的問題，不是他一個人的問題。

顧客為什麼會回頭？

人性本來就是喜新厭舊，尤其是對於吃的。縱使有些餐廳靠著美食，吸引顧客大排長龍，甚至有不少回頭客，但是能夠維持多久呢？

顧客不斷回頭的原因，美味可口是基本的要求；更關鍵的是，因為餐廳讓顧客覺得「賓至如歸」，也就是讓每個顧客有「回家」的感覺。而每個人的家，都是為自己的需求特別設計的。

看看這些餐廳的各種奇怪「規定」，如何讓上門的客戶有回到家的感覺呢？更別提要再次光顧，一次經驗就夠了。

有關於餐廳「回頭客」，我在〈「服務業」和「製造業」思維的差異〉這篇文章中有詳細介紹；這篇文章收錄在我的第一本書《創客創業導師程天縱的經營學》中。

服務需要成本嗎？

在製造業中，與品質相關、最廣為人知但也最受爭議的一句話，就是「品質是免費的」（quality is free）。

有爭議的原因，是因為實體產品在生產過程中，一定會有瑕疵或不良品出現。如果要保證消費者收到的產品，品質一定是好的、可靠度一定是高的，不會有不良品出現，也不會有退貨的問題，那麼在生產製造過程中就需要大量的檢驗，將瑕疵或不良品挑出來。如此一來，就一定會增加大量的檢驗和損耗成本。

雖說「服務」也是一種產品，但是在服務業中，並不存在實體產品的材料、製造、損耗、庫存成本；因為，大部分的「服務」是由商家的人（員工）來提供的。

「服務」作為一個產品時，它的生產就發生在員工和顧客的「接觸點」上；因此，它的生產成本就包含了「空間場所」和「員工薪酬」，而這二者在財務上都屬於「沉沒成本」。也就是說，不管有沒有顧客、有沒有收入，這些都是必須支出的成本。

因此，「服務是免費的」（service is free）這句話，應該比「品質是免費的」更沒有爭議。既然「服務」的好壞，不需要考慮額外增加的成本，為什麼要跟顧客收費呢？

庫存成本

對於餐廳行業來說，比較複雜的是有實體產品也有服務。實體產品就是餐廳提供的餐飲，服務則是在前台服務生與顧客的接觸中產生，二者都會影響到顧客的整體滿意度。

實體產品——也就是餐飲——會產生材料、加工、消耗品等變動成本；後台廚房的設備和空間，也會產生折舊費用的固定成本。但是相較於餐飲的定價，這些都不像電子產品一樣，材料成本占產品價格的比例那麼高。

但餐廳的主要材料就是食材，新鮮程度是決定口味好壞的重要因素，因此相對於其他實體產品行業來講，餐廳的庫存成本是比較高的；也就是說，食材必須盡快用掉，否則就必須拋棄、列入損耗。

所以，餐廳要特別注重食材的週轉率，使得許多生意好的餐廳規定「用餐時間」，以便提高翻桌率，也提高食材的週轉率。

當「限制用餐時間」成為行業的潛規則之後，許多餐廳的從業人員就忘了有「回頭客」這個最重要的資產；雖然短期內增加了營收，但長期而言卻得罪了許多顧客，也斷了自己的生機。

由於餐廳業的特殊性，既有實體產品的餐飲，也有虛擬產品的服務。在吃的方面，由於餐點是以食材加工創造出來的，所以收費自屬合理。

但是，「開瓶費」和「租借酒杯」的費用屬於服務範圍，牽涉的成本也都是沉沒成本；因為餐廳並沒有創造任何附加價值，也沒有創造價值的產品，所以就不應該收費。

如果餐廳不希望顧客自帶酒水，也可以像「禁用外食」一樣，禁止顧客自帶酒水；但如同這家小西餐廳一樣，如果只提供house wine（店家固定提供的酒類）的話，對於比較講究搭配的顧客來講，可能就是不歡迎他們上門光顧了。

結語

我質疑的不是服務態度，而是許多餐廳的奇怪規定。這篇文章所指出的這些潛規則，台灣的消費者似乎都已經習慣了，也見怪不怪。

我特地上網查了一下「限時用餐」的規定，證實了在國外很少碰到餐廳會限時用餐，這彷彿是台灣餐廳的特色。雖然有許多消費者在網路上表達不滿，但也有些人認為餐廳「限時用餐」的規定是合理的，畢竟是一個願打一個願挨，沒有什麼好抱怨的。

而且台灣消基會也定調說，這些是「對顧客不友善」的規定；但只要餐廳在網站上公布，或是在餐廳裡、菜單上對顧客盡到告知的責任，就會減少消費糾紛，餐廳的這些規定並不違法。

根據《消費者保護法》規定，在顧客用餐前，清楚告知所有消費規則是店家的責任，尤其是低消限制、用餐時間規定、加收服務費或其他設限等。

法律是道德的最低底限，服務業——尤其是餐飲業——不應該以「不違法」為理由，而訂出一些對顧客不友善的規定。

一個國家的服務業，包含商家和消費者，都代表了這個國家的文化水準和公民素養。如果要訴諸法律的話，那麼我們採取的就是最低標準了。

如果消費者能夠容忍商家，訂定一些對顧客不友善的規定，那麼這個不友善規定的清單，一定會變得越來越長；最終，則是商家和消費者都會面臨「雙輸」的局面。

附注：本文所指的問題，並非所有的餐廳都有；本文所指的消費者，也並非排除所有的奧客，一切都是依照統計學的常態分布來討論。

14

餐廳只能用「對顧客不友善的規定」來解決問題嗎？

採用「對顧客不友善規定」的餐廳，會失去改善和進步的壓力和動機。例如菜單長期不變、管理方法不變、生意模式不變、對顧客的服務態度不改善、環境和衛生不改善等，最終會扼殺了自己的創新能力。

我過去寫過幾篇文章，除了比較製造業和服務業的異同之外，也特別探討過餐飲業與製造業的生產模式。

經營餐廳和經營工廠有什麼不同呢？餐廳有實體的產品，就是餐飲；除了有產品生產流程之外，還有前台的交付與服務，因此比傳統製造業還要複雜。

所以我用製造業與餐廳做對比，指出餐廳訂定「對顧客不友善的規定」，所造成的三大問題。

一、掩蓋管理的問題

製造業在管理工廠時，必須避免掉入二個大坑，一個是「庫存」，另外一個是「冗員」。

庫存大致可以分為三類，材料庫存、在製品庫存，以及成品庫存。

在生產管理方面，日本企業是全球的表率；即使是海峽兩岸的製造業，也都有日本工廠管理的影子。

包括全面品質管理（total quality management, TQM）、精實生產（lean production）、看板管理（kanban）、流程改善（kaizen）、即時生產（just in time, JIT）等著名的日本式管理，都與庫存有直接或間接的關係；但仍有許多人誤以為，管理庫存、達到零庫存的最終目標，都只是為了成本考量。

其實，庫存不僅是占用資金、增加成本，還會掩蓋住生產線上的工程和管理問題，使得經營者無法透過報表瞭解真相。

例如，生產線上出現低良率、高損耗的狀況時，有材料庫存就可以繼續生產，慢慢解決問題。某個生產環節出現問題而停止運作時，有在製品庫存就可以繼續下一個環節的生產；最終產品的品質出現問題的時候，有成品庫存就可以繼續出貨。

冗員就如同庫存一樣，當出現生產排程、供應鏈管理、產品品質、交貨延誤等問題時，就可以採用人海戰術，透過加開生產線來解燃眉之急；但這卻可能使高層主管無法從報表上看到問題。

究竟多少庫存、多少員工才是合理的？這是經營者最難判斷的；因此，製造業經營者最大的挑戰，就是「庫存管理」和「員工管理」。

對餐廳來說，「對顧客不友善的規定」就如同庫存和冗員一樣，也會掩蓋住管理的問題。就像《古羅馬惡行錄：從殘暴的君王到暴民與戰爭，駭人的古羅馬犯罪史》（*Infamy: The Crimes of Ancient Rome*）書腰文字所提到的：「解決不了問題，就解決提出問題的人」。

餐廳訂定「對顧客不友善的規定」，就是讓對餐廳不滿意的顧客不要提出抱怨；如此一來，業者也就視「問題」為理所當然了。

二、降低顧客滿意度，失去回頭客

在〈「服務業」和「製造業」思維的差異〉這篇文章中（收錄在《創客創業導師程天縱的經營學》），我以航空公司和餐廳為例，指出他們最大的無形資產是「滿意的客戶」，其中又可以分為「常客」和「回頭客」。

客戶的滿意度往往取決於「最低成本的因素」，而不是「最高成本的因素」；但服務業的經營者，卻往往不瞭解這個道理。

以航空公司為例子，最大的成本來自於飛機的折舊和機場營運的費用；但是，影響航空公司客戶滿意度，最高的前三名都是低成本的項目，分別是：

- 空服人員的服務態度；
- 飛機上的餐食；
- 飛機上的娛樂。

再用餐廳來說明：餐廳最大的成本來自於場地租金（一種「占用成本」）和裝潢費用的折舊攤提；但影響客戶滿意度最大的因素，卻是「服務生的態度」和「食材的品質」。服務生的薪資、食材的成本，在餐廳損益表上占的比例都不大；也因此許多消費者說，去高級餐廳「吃的都是裝潢」。

經過了最近幾次餐廳體驗，我可以肯定地說，「對顧客不友善的規定」應該高居影響餐廳「顧客滿意度」因素的第一名。因為，這些規定會成為餐廳的價值觀與文化，進而影響到餐廳的服務與管理。

在過去三十幾年的職涯中，我經常教育員工：當有產品問題發生的時候，客戶滿意度並不取決於產品問題的嚴重程度，而是取決於員工處理客戶問題的「速度」與「態度」。

在知道了「對顧客不友善的規定」已經成為餐飲業理所當然的做法以後，這也改變了我對「顧客滿意度」的看法。

因為，餐廳服務生可以面帶微笑，很有禮貌地對不滿意的客戶說：「很抱歉，這是我們餐廳的規定。」把顧客不滿意的原因，歸咎到顧客自己身上。

如果餐飲業繼續放任使用這些不合理的規定，整個行業就會失去改善和進步的動力，總有一天會激起消費者的反擊。

三、扼殺創新能力

在前面〈餐飲業也可以創新〉這篇文章中，我舉出了許多餐飲業創新生意模式的例子，有興趣的讀者可以回頭詳細閱讀。

二十世紀早期，美國的漢堡餐廳都必須附設極大的停車場，讓顧客們開車來，然後服務生走到顧客車邊讓顧客點餐；等待至少半個多小時後，服務生才將餐點放在餐盤上，送到顧客的車子邊、架在車門上，讓顧客坐在駕駛位和乘客位上用餐。

一九四八年，麥當勞兄弟在美國加州聖貝納迪諾開設了第一家餐廳；他們的生意非常好，吸引了大批顧客前來體驗。

因為麥當勞兄弟不認為顧客長時間的等待是合理的，於是激發了創意來解決生產瓶頸；他們在廚房設計了「裝配線」，快速生產多量少樣的速食漢堡套餐，大幅度降低等待的時間、使用的人手、用餐空間及成本。

再看另外一個例子：日本的壽司店為了提升餐廳的翻桌率，並沒採用「限制用餐時間」的方法；而是以低價提供「站著吃」的新模式，讓一般顧客即使消費能力有限，也能享受當時只有昂貴的「板前」壽司店才提供的新鮮美味壽司。

但是，經營「站著吃壽司店」的大阪人白石義明，仍然經常因為人手不足而感到困擾；在一次偶然到朝日啤酒廠參觀的機會中，他看到啤酒瓶在輸送帶上傳送，因而觸動了靈感。

經過五年的研發，白石義明於一九五八年在大阪開設了第一家「元祿壽司」，成為日本迴轉壽司的創始店。

此外，聰明的日本餐飲業者以「板前」壽司店的模式，結合後台的「作坊生產」與前台的「客製化服務」，同時呈現在顧客面前，推出創新的「鐵板燒」餐飲模式。

然而，鐵板燒不同於「板前」壽司店的，不僅是食物料理的不同；它提供給顧客的是「套餐」，仍然可以收取昂貴的價格。

為了降低庫存成本和不新鮮食材的損耗，更有「自助餐」和「無菜單私房料理」的創新模式出現。

結語

餐飲業「對顧客不友善的規定」，並不是解決問題的萬靈丹，反而比較像「打補釘」，掩蓋住了問題的根源，也懲罰了沒犯錯的人（顧客），引發了更多的問題和後遺症。對於這方面的討論，有興趣的讀者可以在《創客創業導師程天縱的管理力》中，閱讀〈從根源解決問題，不要只打補釘〉一文。

由於文章篇幅有限，所以本文只針對上述三個比較大的問題來探討。

對於製造業來講，庫存和冗員是最糟糕的東西；而餐廳訂定「對顧客不友善的規定」，就如同製造業的庫存和冗員一樣，只是掩蓋問題，欺騙自己。

過去我認為，影響顧客滿意度的主要因素，就是處理顧客問題的速度與態度；如今對餐飲業，我要再增加一條，就是「對顧客不友善的規定」。這在其他行業裡，是極少見的現象，在餐飲業中卻被認為是理所當然的。

採用「對顧客不友善規定」的餐廳，會失去改善和進步的壓力和動機。例如菜單長期不變、管理方法不變、生意模式不變、對顧客的服務態度不改善、環境和衛生不改善等等，最終會扼殺了自己的創新能力。

在今天科技進步、瞬息萬變的情況下，失去了創新能力的商家，必定會失去競爭力，而被市場淘汰。

這篇文章提出了問題，那麼要怎麼解決呢？我在下一篇文章會說明。

15

餐廳老闆，你在創業嗎？

以小搏大的方法很多。小餐廳在與大集團競爭時，千萬不要被牽著鼻子走，更不要主動學習他們的做法，反而要逆向操作。小餐廳要遠離「競爭導向」定價，由「成本導向定價」開始；等到有足夠的回頭客基礎，再逐漸轉向「價值導向定價」。

在我的初中同學之中，最博聞多學、上通天文下知地理、經常在Line群中旁徵博引回答問題，從事半導體晶圓代工業的宏仁兄，在我上一篇文章留言如下：

台灣顧客偏好CP值，對服務、氣氛不是那麼在意；這傾向造成商家也朝便宜、好吃、量多方向關注。至於服務、氣氛，甚至衛生，就將就啦！當然也有反向操作的，通常價格都很高。

從作為台灣「護國神山」的半導體業來看餐飲業，可能會認為「餐廳不就是一個為了賺錢餬口的小生意嗎？」；但是我不認為如此，只要是創業，就是生死攸關的事。因此我回答如下：

謝謝宏仁兄的留言，創業確實需要賺錢；如果創業只是為了餬口，那麼也不必計較那麼多了。但是行行出狀元，如果有雄心、有鴻圖大志，希望創業成功，並且能夠基業長青、永續經營，那麼想法和做法就會不一樣了。即使是創業、經營一家餐廳，我都不會等閒視之。

我自己雖然沒有創業過，但是我輔導過太多創業失敗的團隊，他們內心的傷痛我能瞭解。我經常逛街，發現最常看到「敲鑼打鼓開張，掩燈熄影下台」的，就是餐廳。

產業進出障礙與利潤的關係

讓我先引用麥可・波特（Michael Porter）的五力分析。這五力分別是：

一、供應商的議價能力；
二、購買者的議價能力；
三、潛在競爭者進入的能力；
四、替代品的替代能力；

五、產業內競爭者現在的競爭能力。

這五種力量會影響到該產業的利潤率。

其中「新進入者的威脅」（threat of new entrants）就提出了「產業進入和退出障礙」的概念；而進出障礙的高低，就會影響到產業內同業競爭的穩定性和利潤率。

如果進入障礙高的話，新進入者就比較少；進入障礙低的話，新進入者就比較多、競爭就越激烈。在價格戰難免的情況下，利潤率就會趨低。

退出障礙高的話，業者即使不賺錢，留著也比退出划得來，那麼就會打死不退；退出障礙低的話，業者看苗頭不對就趕快打包走人，以免越陷越深。如此一來，產業內的競爭反而趨於穩定，只有賺錢的能留下。

因此可以用圖15-1來總結「產業進出障礙與利潤的關係」。

對於餐飲業來說，新進入者有可能是新創公司，有可能是國外來的品牌，也有可能是跨產業進入的大咖。

例如在前面〈顧客是「上帝」，還是「資產」？〉文章中提到的日本料理店和西餐廳，很明顯都是年輕人創業所開的。

而我過去七年都在輔導新創，對於新創比較有興趣，也比較有經驗，所以這篇文章主要討

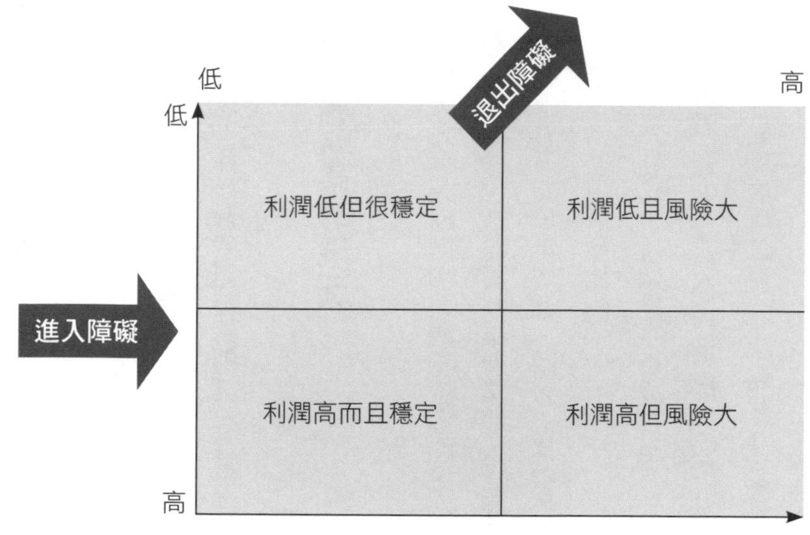

圖15-1：產業進出障礙與利潤的關係

論的，是進入餐飲業的新創。

創業者決定進入餐飲業，必然會面臨既有業者的競爭，以及進入產業的障礙；而對於餐飲業來講，進入障礙最主要的就是「資金」和「顧客轉換成本」。

相較於其他產業，餐飲業的顧客忠誠度比較低，而且有喜新厭舊的特點，顧客在轉換餐廳時幾乎沒有成本，所以不是問題。

相對其他行業，開餐廳通常不需要固定資產，場地都是租用的，餐廳裝潢費用也不是很大的金額。此外，由於大部分餐廳都是現金交易，沒有應收帳款的問題；餐廳食材因為必須新鮮，因而也不會有大量庫存，所以資金的需求不大。

至於「退出障礙」，看看餐飲集團的表現就很清楚了。餐飲集團總部以營運數據為依據，為品牌組合做更迭；舉例來說，王品餐飲集團近年已陸續淘汰「乍牛」、「樂越」、「酷必」、「義塔」、「舒果」等經營表現疲弱的品牌。

對餐廳來講，進入門檻低，退出的代價也不高；只要經營得法、能夠賺錢的話，就會形成「利潤低但很穩定，風險又不大」的行業局面。

所以，許多台灣年輕人創業，就選擇開個餐廳、酒吧、咖啡廳，也是可以理解的。

台灣餐飲業的現況

由於外食人口增加與觀光旅遊的挹注，帶動了餐飲消費需求擴增。根據經濟部統計處的報告顯示，二〇〇八年餐飲業營業收入總額才三千五百七十三億元，二〇一八年總額則高達七千七百七十五億元，年增五．四％；其中餐館業營業收入為六千三百九十億元，年增六．一％，以八二．二％占最高比例。

二〇一九年，這個數字更成長至八千一百一十六億元；這個持續成長的市場，吸引了很多「新進入者」加入。根據經濟部二〇一九年《批發、零售及餐飲業經營實況調查報告》，二〇一八年在台灣有十四萬一千八百多家餐飲店。

這個持續成長的市場，不僅吸引許多年輕人創業加入，也吸引不少大企業集團跨足連鎖品牌，搶食這塊市場大餅。這雖然為有心創業的年輕人提供了加盟機會，但是也成為自己創業開餐廳的最大威脅。

根據台灣連鎖暨加盟協會統計，二〇一二年至二〇一七年餐飲連鎖品牌數由六百二十四個增至九百七十個，增加三百四十六個品牌，尤以餐廳品牌數增加二百零一個最多；連鎖總店數由二萬八千八百八十家增至三萬二千八百一十家，增加三千九百三十家。

其中餐廳增加一千七百三十七家，速食店增加八百八十六家，休閒飲品增加七百六十三家，咖啡簡餐增加五百四十四家；以家數來估算，連鎖加盟餐飲店至少占到全台餐飲總店數的四分之一左右。

在高失業率、低薪資的時代，許多人為了讓工作更加自由、增加收入而選擇加盟，希望免去創業摸索期。雖然投身連鎖加盟產業也是另一種創業選擇，但加盟其實並不如想像中那麼容易。

若加盟店對於加盟合約和法律條文不是很清楚、財務成本管控不到位、對經營管理沒有經驗，再加上營收不如預期，那還不如到加盟總部上班打工，收入比較穩定，還沒有風險。

總之，加盟店即使能夠存活，利潤也很微薄；由於受到加盟總部的合約束縛，想發展規模賺大錢也十分困難。如果執意要創業，倒不如選擇自己開一家餐廳來得實在。

產業領導者的策略

由經濟部統計處所提供的各種數字分析來看，每一個餐飲連鎖品牌後面，都有大企業集團在操盤。

這些集團都非常熟悉連鎖加盟的know-how，懂得透過規模創造成本優勢，知道如何選址、租到流量極高的地點，懂得經營品牌、通路、行銷，又懂得在食材採購、烹調工序、人員教育訓練方面採用高度標準化的作業流程（SOP），再加上龐大的資金……這要獨立經營的小餐廳如何競爭呢？

任何一個產業龍頭，都有無數競爭對手想要超越它；而最好的策略，就是訂定產業規則和競爭策略，然後公開自己的策略，讓每一個同業都抄襲他們。

iPhone手機興起的過程，就創造了一個最好的案例。在蘋果推出手機之前，業界的手機背蓋都是使用塑膠殼，以達到小型化、多顏色、低成本的競爭優勢。但蘋果的iPhone獨樹一格，以金屬背蓋取代了塑膠。

在金屬背蓋的製造過程當中，必須使用大量的電腦數值控制（computer numerical control，下稱CNC）車床設備；隨著iPhone銷售數量快速成長，蘋果先包下了許多金屬加工廠的產能，同時也向全球主要CNC設備供應商包下了整整一年的出貨量。

仿。

然後，蘋果在官網上公開發表利用CNC生產金屬背蓋的製程，吸引所有競爭對手來模仿。

但是，在CNC設備來源以及金屬加工廠的產能幾乎都被壟斷的情況下，蘋果的競爭對手只能乾著急，但卻拿不到設備和加工產能。等這些競爭對手取得設備和金屬加工產能時，iPhone手機的市占率已經大到不可動搖的地步。

此時，競爭對手們只能看著蘋果車尾燈在揚起的沙塵中慢慢變小，再怎麼追也追不上了。

改變才能勝出

在〈在惡劣的環境中，找到自己最好的航線〉這篇文章中，我以奧運會帆船比賽當例子，呼籲落後者不能夠跟著領先者的航線走，只有勇敢改變才能勝出。*原文摘錄如下：

這讓我想到奧運會中的帆船賽；因為，帆船賽其實也是一種高科技的比拚。為什麼這麼說呢？像是船體透過怎麼樣的設計來減少水的阻力、帆怎樣能夠借助最大的風力，都要

---

* 文章網址：https://tuna.mba/p/190525。

用到高科技。

如果你一開始就把領先位置搶到，對手就很難趕上。

此外，速度也和人的技巧有關；操帆的人必須要懂得風向、潮流，同時要懂得運用技巧才能航行得最快。參加奧運會帆船比賽的，都是各國頂尖的高手，用的也是運用高科技設計的帆船；因此，只要風力、海潮、水流、高科技帆船，以及選手的技術等環境一樣，結果就會如我們經常看到，帆船在航線上一艘緊跟著一艘的局面。

所以，只要外部環境一樣、挑的路線也一樣，那麼第一名永遠是第一名、第二名永遠是第二名，很難超越。

也就是說，如果你一開始就把這個位置搶到，對手就很難趕上；而當你是第二名或第三名時，超越的方法就只有一個：改變。

你要改變你的航線；因為如果順著原來的航線走，你就永遠不可能超越，因為所有人的條件都一樣。

更何況是獨立經營的小餐廳，所有條件都不能夠和餐飲集團相提並論；那又要如何在大鯨魚的包圍下，使小蝦米勝出呢？

小餐廳的經營策略

以小搏大的方法有很多。但最重要的是，小餐廳在與大集團競爭時，千萬不要被大集團牽著鼻子走；更不要主動去學習他們的做法，反而要逆向操作。

餐飲連鎖加盟集團，都是經營餐飲業的專家；他們都追求低成本高效率、事事標準化、以經營數據要求每個店，追求高營收、高坪效、高翻桌率、高顧客流量。

所謂「店大欺客」，就是因為追求高效率，而訂出了許多「對顧客不友善的規定」，導致顧客不滿意的結果。

這些大集團、連鎖加盟品牌的目標市場，就是全台灣的顧客；他們希望加速展店，以便覆蓋台灣的主要城市，以達到經濟規模效應。而獨立經營的小餐廳，主要客源都來自方圓一、二公里的鄰近地區，很少有外地顧客特別遠道而來。

因此，我對於小餐廳有以下幾點建議：

一、**「回頭客」是餐廳的最重要資產，要努力培養**。大集團的人員流動率高，即使前台服務也講究高度標準化，讓顧客覺得沒有真實感。小餐廳的顧客都是地區性的，要讓顧客有賓至如歸的感覺，讓顧客體驗到高度的客製化服務，而不是罐頭似的服務。

二、**取消「對顧客不友善的規定」**。不追求翻桌率、不著重坪效，要以客為尊、滿足客戶的需求，達到最高的客戶滿意度。對於沒有附加價值的產品和服務，也不收取費用。

三、**價格訂定**。遠離「競爭導向」的定價，由「成本導向定價」開始；等到有足夠的回頭客基礎，藉由推出新產品，逐漸轉向「價值導向的定價」。（之後再寫文章詳細探討「定價」。）

四、**餐廳的定位**。由於餐廳是地區性的，因此服務要盡量做到「水電行」或「柑仔店」的感覺，以便和餐飲集團連鎖和加盟店的服務，做出差異和區別。

五、**客製化的產品與服務**。利用創意與創新的想法，如果餐廳不大的話，鼓勵客戶包場，舉辦家庭式的聚會或作為宴客場所。除了美食之外，也可以考慮提供節目設計、安排主持人等附加服務。

六、**經營地區**。台灣主要城市的住宅區都陸續進入都更時期，新推出的都是物業管理良好的住宅大樓或小社區。如果以餐廳為中心，附近二、三公里內的住宅大樓和社區都應該列為目標市場，再透過管委會行銷給所有住戶，提供客製化的產品與服務，例如包場、外賣、外送、外燴服務等多種選擇。

七、**合作聯盟**。俗語說：「一個人走得快，一群人走得遠。」要和餐飲集團的單一品牌「縱深」和多品牌「橫跨」策略競爭的話，也可以考慮在自己餐廳所在地區內，和有特色又有志一同的小餐廳組成「小聯盟」，共同推動小餐廳的「地區策略」。

結語

策略必須建立在核心競爭力之上，核心競爭力又必須以核心能力為基礎。有興趣的讀者們，可以閱讀收錄在《創客創業導師程天縱的專業力》一書中的「策略規劃系列」五篇文章。

以小搏大的方法很多；重點在於大鯨魚無法複製小蝦米的做法，否則他們的優勢無法發揮。如果大鯨魚真的要採取小蝦米的做法，由於他們的規模，勢必要在所有目標市場都實施，代價太高，也划不來。

因此，以小搏大的策略必須採取「單點突破」的方式，才能夠「以己之長，攻敵之短」。以上建議的七點做法，都是小餐廳可行，而大集團不願意做的。

最後還是要強調，本餐廳系列文章的重點還是「回頭客是餐廳最重要的資產」，對於地區型的小餐廳更是重要。

16 瞭解「鐘擺效應」背後的力量

「鐘擺效應」原本是心理學名詞，主要是描述「人類情緒的高低擺盪現象」；但用在管理上時，鐘擺效應經常被用來形容「矯枉過正」的現象。本文將討論幾個起源於私心或本位主義，但摻雜了許多冠冕堂皇的理由，使得企業來回擺動的例子，以及最終抑制擺動的力量。

讀《三國演義》第一回，第一句就是「話說天下大勢，分久必合，合久必分」；這句話說明了一個道理：「世界是平衡的。」

用大歷史觀來看產業趨勢，除了有生命週期、常數定律*之外，還有鐘擺效應的現象。要脫離產業和企業生老病死的輪迴，只有努力創造新生命，也就是所謂的「第二曲線」。

產業內的移動

半導體晶片可以簡單分為二大類：「類比式」（analog）的和「數位式」（digital）的。在一九九〇年代，類比式積體電路（integrated circuit，下稱ＩＣ）產品的龍頭是亞德諾半導體公司（Analog Devices），而數位式ＩＣ產品的龍頭則是德州儀器。

首先是亞德諾開始向數位式ＩＣ領域發展，挑戰德州儀器的拳頭產品：數位訊號處理器（ＤＳＰ）；接著，德州儀器則由數位領域向類比式產品轉型，不但放棄了數位訊號處理器的領導地位，而且完全退出了包含基地台和手機的無線通訊市場。

同樣的情況也發生在網路世界：如今的矽谷，已經沒有「矽」（半導體公司）了。原來的半導體工廠幾乎都轉移到亞洲，集中在台灣、韓國、日本；而矽谷則完全被網路企業所占據。這些帶動全球高科技風潮和市值的網路公司，則紛紛開始研發硬體產品；結合原來的網路優勢，企圖稱霸未來物聯網的世界。

而歐美已開發國家經過這次疫情的洗練，紛紛喊出要將半導體生產和硬體製造搬回歐美。

從大歷史觀的高度來看，這些產業、企業、國家的變遷，豈不也都符合了分分合合、常數定律和鐘擺效應的規律？

＊關於「常數定律」，讀者可參閱由此文（https://bit.ly/3eNPhp4）開始的五篇系列文章。

管理架構的擺動

在職場的分工與合作上，也脫離不了「常數定律」；而職務上的重組與改變，也符合「鐘擺效應」。

例如以矩陣式管理而言，雖然可能有二個以上的主管，但是在組織的指揮鏈中，永遠只有一條實線，其他的都是虛線。最重要的二股力量，就是全球產品線（中國大陸稱中央部委為「條條」），和地區分公司（中國大陸稱省市為「塊塊」）。

我在一九七九年初加入台灣惠普的時候，台灣分公司總經理就是直線管理所有旗下員工，也包含各產品事業部在台灣的員工在內；所以，當時可以說是「塊塊」當道。

可是等到一九九二年一月，我在北京就任中國惠普總裁職位時，風向已經改變；所有在中國大陸的產品事業群員工，都直線報告給總部的產品事業群。

因此，中國惠普總裁變成了一個虛位，只負責大陸政府關係和跨部門的協調；所有人員薪資福利、加薪、升遷、考績考核等大權都在產品事業群手裡，變成了「條條」當道。

工作分配的擺動

所謂鐘擺現象，也會發生在工作的分配上。舉一個大家都熟悉的例子：當我在一九七九年加入台灣惠普的時候，白領職場上並沒有太多的科技工具可以提高辦公室效率。

為了提升業務工程師的效率，相關部門紛紛增加祕書的職位，以便減輕業務工程師的行政負擔。業務部門的祕書可以幫忙處理行程安排、訂機票旅館、報告和公文處理、聯絡客戶、安排會議、處理客訴等。

因為當時還沒有個人電腦，而且惠普的產品又多又煩，每一個產品都有不同的序號、描述、規格、價格，所以祕書們都很討厭打報價單。

這些資料每個月都會更新一次，都是由總部寄來一大包的單片微縮影片（microfiche）來取代舊的；而讀取這些微縮影片更是麻煩，必須要用特殊的讀取機（microfiche reader）將小影片放大在投影幕上。

祕書打報價單時，必須一邊看著投影片，一邊用打字機將單子打出來。除了非常傷眼力以外，也很容易出錯；一旦出錯就會牽涉到價格問題，非常麻煩。

於是祕書們紛紛表示，打報價單是勞力密集的專業工作；如果每個祕書都一直在為各自部門的業務工程師打報價單，一定沒辦法提升工作效率。

所以最好的辦法，就是將所有的報價單工作集中在一、二位助理身上；他們的工作就只是打報價單，才容易加快速度和效率，而且避免出錯。於是主管從善如流，特別招聘了專門打報價單的助理，給予「報價單助理」(quotation clerk)的職稱。

可是過了一、二年之後，這些報價單助理已經變成資深員工了；他們又開始抗議，如果只負責打報價單，就沒辦法學習其他的祕書專業、增加自己的價值。因為在公司內沒有發展前景，只好紛紛提出辭呈。

主管採納了這些意見，於是打報價單的工作又回到各部門的祕書身上。如此分分合合，來回無數次；直到電腦系統連上網路、個人電腦在辦公室裡普及了，這些反覆改變才終於停止。

鐘擺效應

鐘擺效應(swing)原本是心理學名詞，主要是描述「人類情緒的高低擺盪現象」；但用在管理上時，鐘擺效應經常是用來形容「矯枉過正」的現象。

以上幾個來回擺動的例子，都起源於私心或本位主義，但是都被摻雜了許多冠冕堂皇的理由。

例如，邊際效用遞減法則（law of diminishing marginal utility）往往被用來作為「產業內移動」的理由：例如由「專注」（focus）轉向「多元化」（diversification）、由數位轉向類比、由虛擬轉向實體等等。

問題是，當這種移動或改變過了頭，同樣的理由又被拿來作為改變回去的理由，於是鐘擺現象就出現了。

例如「管理的擺動」，其實就是在複雜的組織架構中，由矩陣式管理導致部門之間爭權奪利的現象。當既得利益者權力過大時，一定會產生副作用和弊端，於是回頭走的聲音必然會出現。

當組織裡權力過度集中在翹翹板的某一邊時，一定會有反作用力發生；這種「矯枉過正」的現象很難避免，就使得鐘擺效應反覆發生。

例如，部門祕書以「提升效率、減少錯誤」為理由，將不喜歡的工作甩給專人處理；報價單助理則以「職涯發展」為理由，以「辭職」施壓主管，造成重要的「打報價單」工作反覆分分合合。這又何嘗不是因為個人的私心，而產生了鐘擺效應呢？

消費者的力量

從物理學的角度來看，為什麼鐘擺會反覆來回擺動？大家都知道，這是地心引力造成的現象，動能和位能的反覆改變。

在消費產品市場裡的「地心引力」，就是消費者的力量。

我在一九七九年初加入台灣惠普的時候，曾經上過許多行銷課程；其中讓我印象非常深刻的一段，講課老師說：「任何產品，買回家之後，需要顧客動手安裝三個螺絲釘以上的，一定賣不好。」

當時我深信不疑，因為我就是一個懶得動手的顧客；但是看到IKEA在台灣，生意好到不停地展店，這個道理很明顯不適用於今天了。

當時授課老師也說：「任何產品，需要改變消費者使用習慣的話，一定會賣不好。」

那時我也深信不疑，因為要改變消費者的使用習慣，需要花費大量時間和金錢來教育市場和消費者，這不是一般企業能夠負擔的。

如今回頭想想，當年沒有導航我也可以開車，沒有卡拉OK我也會唱歌，沒有PowerPoint我也會演講，可是今天都不行了，證明這一條行銷的真理也是錯的。

過去有許多專家告訴我，光是透過市場調查，沒辦法產出真正有突破性的產品；因為在消費者的腦子裡，根本沒有這個產品的存在。

例如，在還沒有發明汽車之前，顧客只會告訴你需要「更快的馬車」；在網路還沒有出現之前，做電子商務的市場調查有用嗎？在iPhone還沒有出來之前，去做手機遊戲的市場調查有用嗎？

當時我也覺得很有道理。市場調查只對市場上已經存在的產品有幫助，對於還沒有發明出來的產品，消費者怎麼會知道呢？

如今，我發現這些專家講的話，其實都只是「話術」而已。因為真正不變的，不是產品，而是消費者未被滿足的「需求」、未被解決的「痛點」、未被提供的「體驗」。

隨著時間的改變與科技的進步，有些當時的需求、痛點、體驗都被滿足了；但是，消費者永遠都會有新的需求、痛點、體驗出現。

成功的企業不會忽視消費者的力量，反而會去挖掘出新的需求，再用有限的資源創造出價值來滿足消費者。

結語

企業內的鐘擺效應，通常會發生在產品策略、管理架構、組織分工上；其起因往往來自「新人新政」、「本位主義」、「爭權奪利」、「個人私心」，長期下來就會出現走到極端的各種問題。

此時，「走回頭路」就成了解決極端問題的最好辦法；於是歷史不斷重演，在企業內形成了鐘擺效應的現象。

其實企業內的鐘擺效應現象，就是「打補釘」造成的結果。「走回頭路」不過就是「補釘」的一種。*

防止「打補釘」出現，其實很簡單：任何企業問題只要找到根源、直接解決，避免各種「人為因素」的干擾，就不會出現「補釘」。

從「大歷史觀」的角度來看產業的變革，也會看到「鐘擺效應」的現象。許多專家認為，在背後推動鐘擺的力量就是「科技」和「產品」；這種乍聽之下彷彿有理的論調，在「長時間、慢結構」的大歷史觀檢視之下，就會被推翻。

真正推動產業變革、產品創新的力量，是消費者永遠沒有被滿足的「新需求」。任何自認為比市場更聰明，認為顧客需要被管制、被教育，因而訂定「對顧客不友善規定」的行業，遲早會面臨消費者的反撲。

在二〇二一年三月頻繁登上媒體版面的鮭魚事件，就是一個很好的例子。自以為聰明的行銷手法，事實上是以「對顧客不尊重」的方法，吸引少數貪小便宜的消費者，達到提高知名度的目的。

至於部分台灣的餐飲業者，許多做法是如何逆潮流、反趨勢，終將被消費者反撲，就留待下一篇文章再探討。

＊關於「打補釘」，可參閱《創客創業導師程天縱的管理力》書中，〈從根源解決問題，不要只打補釘〉一文。

17

走向「終結者管理」的餐飲業

二十一世紀的個人化消費趨勢，將成為產品製造和行銷通路的最大挑戰。製造業必須降低產品變異性、增加一致性，但對於以「服務」為主要產品的行業而言，卻正好相反；經過差異化的「顧客體驗」好壞，將會是顧客一再回流或永不光顧的主要原因。

前一篇文章其實是用來鋪陳這篇文章的「引子」。我在結語中提到：

許多專家認為，在背後推動鐘擺的力量就是「科技」和「產品」；這種乍聽之下彷彿有理的論調，在「長時間、慢結構」的大歷史觀檢視之下，就會被推翻。真正推動產業變革、產品創新的力量，是消費者永遠沒有被滿足的「新需求」。

我的重點在於「消費者就是鐘擺背後的力量」，任何企業都不可以忽視「消費者的趨勢」。

後人口統計模型的消費行為

成立於二〇〇二年、專門研究消費者趨勢的趨勢觀察網（TrendWatching），使用自家發明的「目標驅動創新」（Purpose-Driven Innovation, PDI）模型分析架構，將消費趨勢轉變成為商機，供全球超過十萬的消費品牌專業人士作為決策參考。

這樣分析出來的消費行為，為什麼叫做「後人口統計模型的消費行為」（Post Demographic Consumerism，下稱ＰＤＣ）？

因為，過去的消費者行為很容易用「人口統計模型」來預測；而當今的消費者，不論是年紀、性別、地區、收入、家庭等「人口統計參數」界線都已經被打破、變得更加模糊。

也就是說，消費者的行為已經不太受到這些參數的限制，變得更加自由了。

根據趨勢觀察網的研究，造成這種現象的主要原因有四個：

一、**訊息取得**（Access）：透過網路無所不在的訊息，使得消費者具有「全球化」的體驗。

二、**行為允許**（Permission）：消費者更加自由，造成了習俗和常規的崩解；而消費者的要求也更加「個性化」。

三、**談判能力（Ability）**：因為現今的消費者能夠體驗到全球各地的產品與服務，使得對於「客製化消費」的要求更高。

四、**欲望轉變（Desire）**：現狀已經改變了，金錢不再是地位的唯一象徵，消費權力也在不同世代之間移動。

因此，消費者不願意再被貼標籤為「千禧世代」、「嬰兒潮世代」之類容易被歸納和預測的群體。

每一位PDC消費者，都期望被視為「全世界唯一的個體」；即使他們買的是相同的產品或服務，廠商仍然要讓他們覺得，自己和別人是完全不同的。

「統一規格」（one size fits all）的消費時代已經結束了，取而代之的是打扮更加「中性化」（不再受性別的區分）、要求更加「個性化」（不再被貼群體的標籤）、用品更加「客製化」（表現自己的獨特和唯一性）的消費行為。

後疫情時代的消費趨勢

在疫情爆發之後，網路上出現了許多相關的消費者趨勢觀察與研究報告；大多數專家認為，疫情會加速PDC的消費趨勢。因為疫情使得消費者：

一、減少旅行，增加上網；

二、降低對品牌的忠誠度；

三、對於衛生和健康的要求更高；

四、錢花在刀口上；

五、宅經濟快速成長。

這些後疫情的消費趨勢，並不會改變PDC的三個大方向，反而只會加速推動；並且趨勢是由歐美向亞洲移動。

我在〈「服務業」和「製造業」思維的差異〉這篇文章中曾經提到：「**製造業的產品要追求「規模化」和「一致性」，而服務業面對的主要是人，因此要盡量「差異化」，以滿足每個客戶對於個性化和客製化的要求。**」這篇文章收錄在《創客創業導師程天縱的經營學》書中。

進入二十一世紀的PDC趨勢，勢必成為消費產品製造和行銷通路的最大挑戰。因為在工業時代，同一款產品的大量生產才是賺錢之道；而全球化更將市場規模進一步擴大，使得資本加速投入「規模化生產」和「全球化行銷通路」的優勢。

但是，二十一世紀的消費者卻選擇擁抱了「個性化」和「客製化」的產品趨勢。

這一場突如其來的疫情，也讓各國政府發現，部分戰略型產品如口罩、疫苗、檢測設備、醫療設備，甚至糧食、衛生紙等民生用品，都必須在本地製造。

這一點對於集中生產、規模製造的製造業來講，更是一大打擊；而「本地製造」或「區域製造」則更間接加速了PDC的發展趨勢。

工業四．〇

進入二十一世紀的第二個十年，各國政府紛紛高喊和推動「工業四．〇」，爭先恐後地搶占製造業的制高點。而在早期剛開始談工業四．〇的時候，它甚至就是智慧製造的代名詞。

所謂「智慧製造」，不僅是工廠生產線的管理資訊化、生產自動化，更要透過虛實整合，時時掌握和分析終端使用者的行為和喜好，來驅動生產、服務，甚至商業模式的創新。

如果讀者們有興趣的話，可以上網搜尋與工業四．〇有關的研究和論述，保證讓各位看到頭昏眼花，搞不清楚工業四．〇到底是什麼。

我在〈台灣在「工業四．〇」時代的問題〉這篇文章中提到，「工業四．〇不是台灣的菜」；也詳細解釋過，如果台灣要在工業四．〇這個大棋盤中占據重要位置，必須在生產端做到「彈性製造」，並且在行銷通路端擁有高知名度的台灣產品品牌。

這篇收錄在《創客創業導師程天縱的經營學》書中的文章，有部分讀者仍然認為太過於專業，希望有簡單的方式讓普羅大眾都能瞭解「什麼是工業四．〇」；現在就藉這篇文章，更簡單地解釋一下。

前店後廠

過去談工業，都是以生產製造工廠為核心，討論量產規模和自動化程度；而隨著科技的進步，現今工廠的資訊化和自動化程度，都已經大大提高了。

進入網路時代以後，大家則開始討論，如何透過網路來連結行銷通路和工廠的生產製造，把「前店後廠」整合成一個系統。

過去，工廠的生產線都以「生產單一型號產品」為主，比較容易透過自動化來提高生產力、降低成本。當生產線要改為製造不同產品時，則必須停止生產來「換線」，以變更生產過程中使用的工具、設備、材料、工序等等。

每批相同型號產品的生產數量，就叫做「批量」（lot size），泛指一次發出採購訂單（purchase order, PO）或製造工單（manufacturing order, MO）時的數量。經常用來決定「批量」

的方法，包括經濟訂購量（economic order quantity, EOQ）、固定訂購量（fixed order quantity, FOQ）、批對批（lot for lot, LFL）*等。

由於科技的進步，未來有可能透過工廠管理的資訊化以及生產製造的自動化，將「換線」時間縮短為零、「批量」單位縮小至一件。

如果有一條不需停止換線的生產線，就可以一個接一個生產不同型號或不同組裝配置的產品；而且由於不需要停止，所以生產成本跟大量製造的產品也沒有差別。

這個時候，透過網路無遠弗屆的能力，位於世界各地的行銷通路零售點，就可以將每個不同客戶、不同需求、高度「個性化」、高度「客製化」的訂單，送到工廠的生產線上即時製造。

此時，「前店」的銷售系統與「後廠」的生產系統，就可以全面整合成一個彈性架構；而這也就是工業四・〇想達到的終極目標和願景。

說到這裡，讀者們應該看到「個性化」和「客製化」這二個熟悉的名詞；也就是說，「工業四・〇」正是在PDC時代來臨時，實體產品製造業的最佳因應方案。

在〈「服務業」和「製造業」思維的差異〉這篇文章中，我推薦過《人性也有標準差》（*Human Sigma*）這本書，由美國蓋洛普顧問公司（Gallup）的二位首席科學家約翰・弗萊明（John H. Fleming）博士和吉姆・艾斯普朗德（Jim Asplund）共同著作，於二〇〇五年出版。

在這本書中，作者將製造業的管理思維稱為「終結者管理」。是的，如同阿諾史瓦辛格（**Arnold Schwarzenegger**）主演的《魔鬼終結者》（*The Terminator*）這部電影中所預言：世界末日的到來，是由人類所造成的；因此，魔鬼終結者——也就是機器人，要消滅全人類。因為傳統製造業追求規模化、量產化，以及產品的一致性，因此必須避免所有的人為錯誤；另一方面，也就是要消費者無所選擇地使用同一種產品。

作者認為，服務業的「工廠」就是員工和顧客發生互動的地方；而這個員工與顧客的接觸點（**employee-customer encounter**）所製造出的產品，就是「服務」。

製造業要降低產品變異性、增加一致性；但對於服務業而言，卻正好相反。在這個員工顧客接觸點創造出的「顧客體驗」是好是壞，則是造成顧客一再回流或永不光顧的主要原因。

已故的德國社會心理學家弗里茲．海德（Fritz Heider）的「殊途同歸」（equifinality）觀念，是最能夠解釋人性標準差的理論：**達到同一個終點的手段，有可能甚至是有必要因人而異的**。

每個客戶都是不同的個體，也有不同的看法與需求；尤其在PDC來臨的時代，產品廠

＊ 批對批：採購或生產的數量與需求完全相同，不留庫存；所以也稱為「零庫存」（zero inventory）。

商再也沒有辦法強迫客戶採用相同的產品。

而PDC，正是推動「工業四．〇」這個鐘擺的背後力量。

再說台灣的餐飲業

在PDC時代，服務業本來應該是比製造業更具優勢的；可是當製造業正在「服務化」時，服務業卻開始追求規模而變得「製造化」。

就以餐飲業為例，餐廳是最標準的「前店後廠」服務業：後台的廚房就是工廠，前台餐廳則提供服務，二者應該完整結合成一個系統。

如今餐飲集團業者在「後廠」部分，為了追求規模化、品牌化、低成本、高流量、高坪效，透過品牌授權與加盟在各地設點；又透過中央廚房集中採購食材、量產加工，再送到各加盟店做最後組裝。

在「前店」部分，則透過標準化方式培訓前台服務生，規定標準的SOP、標準的「招呼」、標準的「客訴」處理；還設立各種「對顧客不友善的規定」，來讓顧客的需求一致化。

簡單地說，餐飲業正在忽視顧客的人性成分，正在朝向傳統製造業的「終結者管理」前進。

另一方面，地區型的創業小餐廳老闆，則紛紛立志發展成餐飲集團，亦步亦趨地學習餐飲集團的策略和做法；而最簡單、最容易開始的手段，就是訂定「對顧客不友善的規定」，有些小餐廳的規定，甚至比起大店家有過之而無不及。

結語

我在上一篇文章中提到，「話說天下大勢，分久必合，合久必分」；這句話說明了「世界是平衡的」，也說明了「物極必反」、「鐘擺效應」的道理。

選擇餐廳創業的老闆們，千萬不要忽視消費者的力量，更不要盲目學習大餐飲集團的策略與做法，訂定「對顧客不友善的規定」；請仔細閱讀我這一系列文章，想想自己作為一家地區型的小餐廳，在PDC時代的生存之道，以及贏的策略。

要記得：餐廳最大的資產就是「回頭客」！

第四章

遍地開花的創新

遍地開花的創新

大企業為了追求利潤，會以專利壁壘和規模門檻保護自己，讓技術無法與街頭智慧結合；但在物聯網的時代，生產規模效益將不再是最重要的優勢，而開源設計網站和無所不在的網路，也讓技術不再是跨國企業的禁臠。

或許身在科技行業，我對科幻小說和電影特別感興趣；例如威廉・吉布森（William Gibson）就是我很喜歡的一個科幻小說作家。

這位美國小說家被稱為是賽博龐克（cyberpunk）運動之父；他的第一部長篇小說《神經喚術士》（*Neuromancer*）自一九八四年出版以來，在全球已經賣出六千五百萬本，我們常聽到的「網路空間」（cyberspace）一詞，正是出自此書。

來自街頭的智慧

正如吉布森在他一九八二年出版的短篇小說《燃燒的鉻》（*Burning Chrome*）裡第一次出

現的名言：「街頭智慧會為尋常之物找到新的出路」（the street finds its own uses for things）；也就是說，街頭巷尾的平民百姓經常會出現創意，將產品用在一些不是原本設計甚至出乎意料的用途上。

吉布森的這句名言，也被視為「來自街頭的智慧」；不僅在他後來的許多小說劇情中一再出現，而且也被廣泛引用。我在二〇一三年公開演講時說過的「創新來自長尾（多數小眾）」，也出自相同的觀點。

大企業擁有各種優勢，像是優秀的人才、充裕的資金、政府的優惠政策、媒體的關注等；但歷史卻一再證明，**能顛覆甚至滅亡大企業的，往往是來自長尾的「創新」**。

當知識和生產製造的資源握在大企業手裡的時候，科技就被壟斷；而大企業為了追求利潤目標，就會使用以技術專利打造的壁壘，以及製造規模的門檻，使得技術無法為長尾所用，也無法和街頭智慧結合。

二〇〇五年，是在美國加州洛杉磯發起的創客運動元年。以「包容、分享、開源」為核心的創客價值觀，促使創意和創新在街頭萌芽茁壯，不再是大企業的專有領域。

雖然，遍布全球各地的草根創客，當時已經都能透過開源網站，輕易取得軟硬體的開源設計，並且在這些基礎上加入自己的創意與創新，但是做出原型樣機（prototype）所需要的供應鏈與設備資源，仍然非常昂貴，而且很難取得。

山寨手機時代的創新

幸好有聯發科的手機方案出現，使得手機的創意應用與創新設計不再是跨國企業的私有領域。二十一世紀的第一個十年，山寨手機風起雲湧，造就了深圳成為電子產業供應鏈的龍頭地位，也造就了深圳電子業生產製造的生態系統和環境。

最重要的是，山寨生態將手機的創意和創新，從跨國大企業的手中移交給了「街頭」；如果有創新的想法，只要採用聯發科的手機方案，不到十個人就可以成立一家手機公司。

這樣的改變，稱之為「科技的民主化」一點也不誇張！

於是位於長（江）三角和珠（江）三角，總數近千家的山寨手機公司，紛紛快速推出各種低價的創意手機，導致原本由摩托羅拉（Motorola）、諾基亞（Nokia）、索尼愛立信（Sony Ericsson）等大公司主宰的手機王朝紛紛垮台，也造就了後來的中國品牌手機大企業。

物聯網時代的創新

物聯網時代的終端產品，不會重演像手機一樣的「單一大量產品」市場，而會是如同爆炸般的「多種、多樣化產品」；例如穿戴式裝置、智慧家居用品、智慧城市、無人駕駛汽車、物流無人機、服務機器人、工業四．〇設備等等。

因此，跨國大企業的生產規模效益，將不再是最重要的優勢；開源設計網站和無所不在的網路，也使得技術不再是跨國大企業的禁臠。

後人口統計模型的消費行為（PDC）強調了消費者的需求趨勢：本地化、中性化、個性化、客製化；而這些都是屬於「創客」、「街頭」的優勢，大企業未必占得到便宜。

當本地的創客和創業者，開始透過「網路開源設計」和「開放式生產」製造生態資源、用創意解決本地民生議題時，就具有與跨國企業競爭的條件，甚至能夠培養出本土的創新科技產業。

深圳的開放式山寨生態系統，已經培養出許多硬體科技新創；包括幾家獨角獸企業，例如大疆、邁瑞、優必選、柔宇等，就是最好的證明。

結語

創意與創新的差別在於：創意只是一個「想法」，創新則是動手把創意「實現」。

我曾經參觀一個位於美國舊金山市區、名為「Noisebridge」的創客空間。在空間中的角落放著一個垃圾桶，上面的牆上貼著一張海報，寫著大大的一行字：Please throw your ideas into the garbage tank!（把你的點子丟進垃圾桶！）因為創意很多，但沒有去「實現」的創意，就是垃圾。

開源網站提供了許多可以免費下載的軟硬體設計，讓單純的「想法」透過使用別人分享的開源模組，再加上自己的創意，然後變成「設計」；然而，設計仍然還不是「實現」。

因此，我們需要一個開放式生產製造的生態環境，讓每個來自「街頭」或「草根」的創客，都很容易接觸與使用，並且在負擔得起（affordable）的費用條件下，把「創意產品」做出來。

如此一來，「創新」才能達到諾貝爾獎經濟學家艾德蒙・費爾普斯（Edmund Phelps）所描述，所謂「遍地開花」（mass flourishing）一般的境界。

19

談人工智慧產業的發展模式

當ＡＩ創新應用「遍地開花」時，就會出現大批的應用人才，ＡＩ新創公司會紛紛出現，傳統產業也會轉型升級。但這波ＡＩ熱潮發展的重點，更應該放在公共政策訂定、教育、應用，以及解決民生議題上，而不是如何培養ＡＩ獨角獸。

二〇一〇年，我的好友李大維（David Li）在上海成立了中國大陸第一個創客空間「上海新車間」；二〇一一年創立了針對創客運動和開放創新的研究中心「Hacked Matter」，二〇一五年又為開發下個世代的物聯網產品及應用，創立了「Maker Collider」創客平台。

大維目前還擔任與「自造實驗室」（Fabrication Laboratory，簡稱Fab Lab）合作、在深圳成立的「深圳開放創新實驗室」（Shenzhen Open Innovation Lab, SZOIL）執行總監。

目前，深圳開放創新實驗室正與千里之外的非洲迦納庫馬西「Kumasi Hive」孵化器合作。迦納庫馬西以深圳的發展模式為學習對象；如同三十年前還只是個小漁村的深圳，「Kumasi Hive」的創客們從零開始，為迦納的高科技發展布下種子。

而深圳開放創新實驗室的創客們也透過這種合作關係，無私地分享各種創意、設計，以及開源方案給「Kumasi Hive」；尤其優先聚焦在人工智慧的本地化應用上，以便解決當地的許多民生問題。

這些經歷與跨國合作，使得大維不但成為海峽兩岸知名的創客導師，更是聯結全球創客組織的關鍵人物；然而，大維卻是在台灣出生、在美國念大學，一口台灣國語的台灣人。

人工智慧與全球治理

大維最近正積極參與的，是位於美國紐約的「聯合國大學政策研究中心」（United Nations University Centre for Policy Research，下稱ＣＰＲ）所發起的「人工智慧與全球治理」（AI & Global Governance）專案。

ＣＰＲ是聯合國轄下的智庫，專精於研究高科技對「聯合國多邊合作體制」造成的影響與挑戰，然後提出對策；而ＡＩ正是其中一個迫在眉睫的議題。

人工智慧過去七十年的發展，曾經三起二落。「人工智慧」這個名詞最早是在一九五〇年代就出現的；在經過一陣熱潮以後，由於出現無法突破的技術瓶頸，因此逐漸衰退冷卻。

一九八〇年代，透過「專家系統」程式和「知識處理」的應用，「機器學習」（machine learning）成了熱門話題，人工智慧也開始了第二次流行；但經過一陣子熱潮以後，由於做不到業界預期的應用，所以又逐漸退潮了。

第三波熱潮開始於二〇〇六年：傑佛瑞．辛頓（Geoffrey Hinton）教授找到了解法，成功訓練出「多層神經網路」（multi-layer neural networks），並重新命名為「深度學習」（deep learning），讓人工智慧的應用出現了一線曙光。

人工智慧能夠發展到今天的這個結果，主要就是靠大量的「伺服器運算」和大量的「數據學習」；而掌握這二項稀有資源的，正是跨國大企業和規模龐大的各個強國。例如在聯合國安全理事會（Security Council）的五個常任理事國中，就已經有四個把ＡＩ列為國家戰略的重點。

跨國企業以追求利潤為目的，強國政府也以追求國家利益為優先；所以在聯合國的多邊體系之中，對ＡＩ發展的態度必須審慎考慮。

如果放任不管，讓少數跨國企業或強國政府擁有強大的資源和ＡＩ科技優勢，就會改變目前多邊合作體制的均衡；所以聯合國應該訂定ＡＩ的治理規則，使ＡＩ能為多數人所用，以便廣泛解決普遍的民生問題。

可以預見的是，ＡＩ將會影響到「人權」、「民主」、「法治」等等普世價值與架構。於是ＣＰＲ指派了ＡＩ技術應用倫理方面的專家愛蕾諾．鮑威爾斯（Eleonore Pauwels）教授來負責「人工智慧與全球治理」專案，建立一個由政府、企業、社會團體、國際組織等各界專家參與的平台，共同討論並制定治理規則。

就如同「基因工程」技術的研發、實驗與應用，是否會破壞大自然的演化、違反「倫理道德」，甚至造成不可收拾的後果？未來是否可能出現「基因機器生化人」？

這些議題都是需要討論的，而ＡＩ所帶來的挑戰與風險也不容忽視。

宗教與道德

人工智慧透過各種演算法和腦神經網路系統架構，就像小孩子一樣擁有自我學習的能力；它可以教育成一個對社會有貢獻的「人才」，但也可能受到環境的負面影響，成為一個十惡不赦的「壞人」。

無可避免、難以阻擋地，ＡＩ將透過「家庭語音助理」（如Echo、Alexa、小度等）進入每個家庭，也已經透過手機的「語音助理」（如iPhone上的Siri）影響每個人。

如同教育小孩一樣，我們必須教育ＡＩ，什麼是「宗教」、什麼是「道德」。

大維在ＣＰＲ的這個專案中扮演重要角色，成為鮑威爾斯教授的伙伴。他已經為這個專案找到了基督教、天主教、伊斯蘭教的合作對象，而我也透過我的人脈，希望為他找到藏傳佛教的窗口。

總有一天，ＡＩ必須要回答「這世界上有沒有神？」、「有沒有來生？」、「天堂地獄存在嗎？」等玄學問題。

草根智慧

在ＡＩ領域，開放式創新（open innovation）的支持者都大力提倡「草根智慧」（AI from the grassroots），將ＡＩ資源開放給本地創客社群，才能讓ＡＩ的創意與應用在本地化議題上遍地開花。

因此他們認為，政府必須建立一個可控可管的開放式生態環境，同時要求掌握高科技產品及服務的大型企業，讓旗下的技術與產品盡可能服務草根階層，而不是僅服務少數金字塔頂端客戶；如此一來，各個國家或地區才能真正應用發展高科技，並且讓它們真正普及。

這也是聯合國大學政策研究中心「人工智慧和全球治理」成員正在透過訂定規則，以便實施與達成的願景。

結語

人工智慧和上一篇文章提到的軟硬體整合產品不同之處，在於它屬於純粹數位領域的技術，而且是第三次興起的浪潮。

目前主要的ＡＩ技術、演算法、自我學習等，都不算是新的；主要的突破在於專用處理器的運算速度，和多年累積的各種大數據。

因此，對這波ＡＩ熱潮發展的重點，更應該集中在：

一、公共政策規範的訂定；

二、宗教和道德觀的教育；

三、搭配其他科技的新應用；

四、解決本地的重要民生議題……

而不是「如何培養ＡＩ獨角獸」。

因此，政府應該思考的是，如何和大企業合作，開放運算資源和公私領域大數據、鼓勵「街頭」和「草根」的創意和創新，來解決「本地」的各種民生議題；例如農業的產銷履歷和效率、食安、環保、空汙、治安、教育等。

當AI的創新應用「遍地開花」時，就會出現大批的AI應用人才；以AI為基礎設計應用的新創公司，自然會如雨後春筍般冒出來，傳統產業也會受到AI應用的影響，紛紛轉型升級。

這種由下而上的思維，是否也算是一種另類的產業創新模式呢？

宗教也需要創新

由於類比訊號很容易失真，因此人類將類比訊號轉為數位，創造了虛擬世界；而相較於「身」，這個虛擬世界就如同「心」。幾千年來，人類修練自己的內心，以便離苦得樂，這些則屬於「靈」的境界；但這些年來，我深深覺得身、心、靈之間的距離似乎越來越大。

由於我的家人篤信藏傳佛教，多年前在北印度捐助設立「尼扎佛學院」，傳承寧瑪巴（俗稱紅教）的尼扎法脈。

至今，佛學院已經收留了逾五十位來自尼泊爾的藏人孤兒，或是窮苦人家皈依的小喇嘛；他們平日專心接受佛學院教育，除了修習佛法之外，唯一的娛樂就是週

末踢踢足球。

二〇一八年四月，在佛學院度過六十六歲生日時，我漸漸領悟到「身心靈」三個不同的境界。

身心靈

我們生活的這個實體世界，一切都是「類比」的訊號，就如同「身」的境界。

在真實世界中，由於類比訊號很容易受到干擾而失真，又不容易處理、傳遞、儲存、應用，因此人類發明了數位技術，將類比訊號轉換成數位訊號，因而創造了虛擬世界；而相較於「身」，這個虛擬世界就如同「心」的境界。

幾千年來，不管是什麼樣的宗教，都相信有另外一個神的世界；有天堂、西方淨土，也有地獄。人類在真實世界的行為，都要遵循宗教的戒律，還要修練、修行自己的內心，以便離苦得樂，而這些似乎都屬於「靈」的境界。

隨著時間的改變、科技的進步，雖然現代的宗教人士也開車、搭機、使用各種通訊傳播工具，但是宗教的核心信仰始終不變。

透過這些年參與各種宗教活動，我深深覺得「靈」與「身」、「心」之間的距離，似乎越來越大。

在上一篇文章中提到，人工智慧也需要學習「宗教與道德」，那麼反過來呢？

與時俱進

那時腦海中突然閃過一個念頭：「宗教是否也需要與時俱進？是否需要學習，跟隨高科技的浪潮創新？」

佛學院為小喇嘛們提供了中、小學教育，除了佛法課程之外，還有藏文、英文、天文學、醫學等課程；這些大部分都是藏人的傳統教育，但材料卻可能都是半個世紀前從西藏帶出來的。

二〇一八年，第一批小喇嘛完成了高中課程，因此佛學院開始籌備大學（Shedra）課程與資格申報，並敲定二〇一八年十一月在佛學院中成立合法註冊的大學。

小喇嘛們個個都非常聰明，能夠以藏文、印度、尼泊爾語言文字溝通；他們也都使用智慧型手機、懂得上網。

那麼，何不在佛學院的課程裡增加「創客」軟硬體教育呢？又何不在佛學院中設立「創客空間」，訓練小喇嘛動手和創新創作的能力？

這個空間與課程，也可以成為結合「身心靈」的第一步；讓小喇嘛們在修習佛法的同時，也學習科技，在「出世」的同時也要「入世」，在保守的宗教信仰中也注入「創新」的元素。

在家靠父母，出外靠朋友

在二〇一八年四月動了這個念頭之後，我先找了創客領域的朋友討論，尋求他們的協助與支持。上海「新車間」的創辦人李大維和深圳「柴火空間」的創辦人潘昊（Eric Pan）和我六月在深圳碰面，列出行動計劃與時間表，配合佛學院於十一月成立大學部時，為「創客空間」揭牌啟用。

佛學院在為大學部設立的「閉關中心」旁，準備好一個二十坪大的空間，潘昊捐助設備、手工具、模組等；大維則透過他的國際組織人脈，邀請知名創客到佛學院擔任老師。這種結合義務

工作與度假的模式，在歐美漸漸流行起來，英文叫做「workcation」，是工作（work）和假期（vacation）的組合字，也有人用「workation」。

潘昊先行由深圳找了位創客老師，遠赴佛學院二星期，邊工作邊度假，教導小喇嘛們一些軟硬體的基本課程；順便把設備安裝好、空間布置起來。只是沒有料到，印度的物流運輸出了問題，設備沒有如期運到。

有驚有喜

配合佛學院大學成立典禮，創客空間也在十一月十日揭幕；但我們必須提早幾天到達，以便安裝設備、布置空間。當時出了二個意外，讓我們措手不及，慌亂不已。

首先是大維在上海申請的印度簽證被退件，因為印度領事館要求本人赴館面試；而大維出差到歐洲，錯過時限，因此無法成行。

此外，托運的3D印表機和雷射切割機都在運送途中被摔壞了；潘昊又沒有攜帶任何維修工具和替換零件，只好帶著二個小喇嘛，用最原始的手工方式連著幾個晚上加班，終於把設備修好。

另外也接到一個驚喜的通知：印度電子與資訊科技部長阿盧瓦利亞（Surinderjeet Singh

Ahluwalia），從州政府處得知這個史無前例的「佛學院創客空間」成立消息，將特地從德里前來佛學院，參加佛學院大學部和創客空間的開幕活動。

主管宗教的內政部、本地州政府都紛紛來關切，要求潘昊和我在開幕活動之前，單獨為部長和隨行幕僚做一個小時的「人工智慧／物聯網」簡報與交流；因此，除了要臨時準備報告資料之外，活動細節也要特別費心安排。

印度對高科技的重視

活動當時，部長除了為即將進入大學部的幾位小喇嘛頒發高中畢業證書之外，在致詞時，由於擔心台下數百聽眾聽不懂英文，特地以印度話演講；他在台上侃侃而談，以簡單直白的方式，談到創客與人工智慧對印度未來經濟發展的重要性。

他列舉了我們創客空間裡的設備如3D印表機、雷射切割機等，對未來的分散式小型生

產線發展非常重要；同時還提到了我們喇嘛的小專案：「掌上型轉經輪」，不僅可以利用手腕轉動發電，點亮經輪上的LED燈，未來更可以利用這個綠能動力，驅動內置預錄的經文唱頌。

部長又提到第一個得到人類身分證的人工智慧機器人「Sophia」和最近中國中央電視台首次亮相、中英文播報各一的二個「虛擬主播」。

在他的演講中，還提到了我在典禮儀式前為他簡報的「產品四．〇」概念，要佛學院AI創客空間作為佛教領頭羊；除了朝向整合「動能」、「智能」、「人工智慧」的創新產品研發之外，更強調要以宗教的智慧和佛法，教育「人工智慧」佛法、宗教、道德、慈悲等，莫讓「人工智慧」為惡人所用、走向錯誤的道路，成為危害人類社會的工具。

部長在下午的簡報和會議中，特別提到十月二十二日邀請了Nvidia創辦人黃仁勳到印度德里，為內閣成員演講「AI的未來發展」，印度總理將會親自出席；部長還特別提到，演講者黃仁勳來自台灣。

除了對這位部長敬佩萬分之餘，連帶令我對印度政府和未來的經濟發展充滿信心。印度當今的名目GDP達到二・六兆美元，占全球三・二七%，世界排名第六，僅次於美、中、日、德、英。

有如此強大執行力的政府，掌握正確的方向和策略，經濟發展將為印度人民帶來快速的生活改善；也難怪吸引了龐大的外資，紛紛到印度設廠生產。

印度印象

我跟印度的淵源與交流經驗，總結成二篇文章：〈龍象之爭：中國與印度的軟體業發展軌跡〉和〈走入當地人群，再次認識印度〉，都收錄在我的第四本書《每個人都可以成功》裡。

但經過這次活動，我對印度的印象又提升到了更敬佩的境界。

沒有躬逢其會的讀者們，請試著在腦海裡浮現這個拼圖：一個於一九五一年出生的錫克教徒（Sikh），在擔任電子與資訊科技部長時，專程從德里搭乘清晨六點三十分的飛機，到達德蘭薩拉（Dharamśālā）機場之後，再搭車走二個小時的山路，抵達我們處於偏僻山區的佛學院，參加創客空間的開幕典禮。

並且對著台下幾百個藏傳佛教的喇嘛和信徒們，高談創客、AI、高科技和創新對宗教和印度未來發展的影響；要不是我親臨現場，我都覺得難以置信。

印度是個多種族、多宗教、多語言、多文字的龐然大國。雖然國家建設和經濟發展，仍然遠遠落後許多國家，但是對民主價值的堅持，對多元文化的包容，值得全球尊敬。

結語

「創新」是一種生活態度，不是只為了經濟和產業的發展。人類有別於其他動物，在於人類的生活中，包含了「身心靈」三個層次。

創新改善了我們的「實體世界」，創新創造了數位化的「虛擬世界」；唯獨維持我們平和宗教信仰的「靈性世界」，似乎與我們的實體、虛擬世界越來越遠。

當科技與人工智慧入侵到生活的每一個層面時，我們如何維持「身心靈」的平衡？

我是個科技人，不是個專業的宗教人；對於以上的問題，我沒有答案。但是，我勇於嘗試和改變，在佛學院內成立創客空間，在課程中加入軟硬體的設計與應用。

就如同阿盧瓦利亞部長以科技專家的身分，千里迢迢來到佛學院，為喇嘛們講述人工智慧對未來宗教的影響。

我們都期待這些做法，能夠為宗教埋下創新的種子，促成宗教與高科技的結合。

政治也需要創新

政治創新總是發生在動盪的年代。民主化二十多年的台灣，雖然享受著十大建設積下的成果，但經濟也停滯了二十年；當政府喊著「創新」的時候，卻忘了真正最需要創新的是它自己。

我是一個科技產業的專業經理人，政治不是我熟悉的領域；但高科技產業創新與進步的速度不斷加快，使得「政治」和「政策」的落後，已經變成高科技發展障礙的地步，因此還是不得不關心一下。

尤其是電子軟硬體的發展速度，更是令人吃驚。如果汽車產業以半導體摩爾定律（Moore's law）的速度來改善「CP值」（或稱性價比）的話，今天一輛勞斯萊斯（Rolls-Royce）的售價應該低於一美元。

同樣地，如果政治創新的速度能夠跟上科技，今天也應該已經是「天下為公」的大同世界了。

我就以一個政治門外漢的科技人身分，談談政府體制的創新與變革。這篇文章無關藍綠立場，也無關選舉；純粹從大歷史觀的角度，來看政治的過去、現在與未來。

政治創新總是發生在動盪的年代

如果回顧歷史，距今二千五百年前的《禮記．禮運》就描寫了孔子的政治願景；這也是一個最高明、最先進的境界。

再看出生於一八六六年的國父孫中山先生，他的三民主義、五權憲法、《建國方略》和《建國大綱》，為國家的建設描述了具體的願景、框架和執行辦法。

《禮記．禮運》講述的是遠古時代，禹以前的社會情況；而夏商周的改朝換代，都是因為執政之王暴虐無道。隨著周王朝勢力衰落，分封諸侯相互爭戰，形成了春秋戰國動盪變革時代。

這個時期學術思想自由、文化繁榮，產生了諸子百家爭鳴的現象；所以世界大同、天下為公的政治理念，因而開始萌芽茁壯。

因為政治體制的創新與變革，中華民族由遠古時代的原始群居生活，進步到氏族公社的出現；禹的兒子啟，建立了夏王朝，這是中國第一個朝代，進入階級社會。直到公元前二二一年秦始皇滅六國一統天下，中央集權、不平等階級的東方文化於焉成型。

清朝積弱、列強欺凌，有志之士紛紛起義，意圖推翻滿清建立共和；在這個動盪不安、生死存亡的時代，給予國父孫中山先生政治創新、重建歷史定位的機會。

孫中山的思想，大部分是他將中國道統和西洋歐美各家學說綜合整理而來，但是也有少部分見解是其所獨創。

一九二一年三月，孫中山演講「五權憲法」時說：「五權憲法是兄弟所創造，古今中外各國從來沒有的」；他認為，這就是政治體制的創新。

五權分立

為什麼世界上的民主國家都是三權分立，而中華民國是五權分立？

雖然孫中山解釋過，傳統西方憲法在政府機關採取的三權分立（行政權、立法權、司法權）制度中，行政機關擁有考試權將可能濫用私人，而立法機關擁有監察權則可能有國會專制的流弊。

但是仔細想想，孫中山先生誕生於清朝；雖然自小接受西方教育，但是仍然受到中國古文化與封建制度的影響。考試權獨立的理論，來自中國古代的科舉制度；監察權獨立的理論，則來自中國古代的御史制度。

孫中山在革命時期，就有五權憲法的構想，而一九〇六年十二月始見於文字。一九二一年演講「五權憲法」時，孫中山先生還特地畫了這張圖表（取自維基百科）；雖然許多實施細則仍然付之闕如，但是足以一窺其架構。

治國機關
國民大會
政府
考試院 立法院 行政院 司法院 監察院
餘略 教育部 外交部 內政部 財政部 法律部 餘略
省治
縣治行直接民權如下
選舉權 複決權 罷官權 創制權
國民代表每縣一人

台灣政府體制的變革

一九四九年中華民國政府退守台灣，治權只剩台澎金馬；直到一九七四年，才由時任行政院院長蔣經國提出改善基礎設施與升級產業的十項建設工程。

一九八七年，蔣經國總統宣布解除戒嚴、開放黨禁及報禁；一九九六年開始進行總統、副總統直選，一改先前由國民大會代表間接選舉的方式，台灣正式進入民主國家的行列。

由於當時仍然是國民黨執政，民進黨只有透過選舉進入國會，修改體制；之後一九九七年「凍省」，二〇〇〇年更改立法院組織、廢除國民大會，實現「一院制」的國會體制。

一九九七年，國民大會通過取消立法院的「閣揆同意權」，也就是總統任命行政院院長時，不再需要經過立法院同意。

幾次修憲之後，如今由總統提名司法院院長、副院長、大法官，考試院院長、副院長、考試委員，監察院院長、副院長、監察委員及審計長，都必須經過立法院同意才能任命。除了立法院長由立法委員相互提名、投票選舉後產生之外，其餘四個院長皆由總統提名。

這時再回頭看看孫中山先生的「治國機關圖」，如果由某個政黨贏得總統大選，並且贏得立委過半席次的話，由於國民大會已經廢除，所以放在「政府」那個格子裡的，就是「總統」了。

權力將創新關進籠子裡

雖然一九九六年台灣全面民主化之後，總統、副總統由公民直選，但孫中山先生一百多年前獨創的五權分立，仍然沿用至今；宛如二十一世紀的現代人，仍然穿著清朝時期的長袍馬褂。

二○○○年總統大選實現了第一次政黨輪替，陳水扁當選總統，由民進黨執政；其後至今已經政黨輪替三次，可是這套不合身的「長袍馬褂」，卻沒有政黨主動去修改。

如果把新的「治國機關圖」和清朝皇帝的組織圖做個比較，就會發現只要政黨能贏得總統和立委過半席次的「全面執政」，不就一樣是「中央集權」加上「郡縣制」？在這四年任期內，總統和皇帝又有何差別？

雖然比起其他西方民主國家，我們的考試院獨立於行政機關之外，濫用親朋好友的現象處處都是，國營企業酬庸更甚於以往；而我們的監察院也獨立於立法機關之外，政黨分贓甚至已經形成文化。

由於政府機構的疊床架屋，考試和監察二權早就失去創建五權分立時的作用，反而淪為執政者的白手套與打手；那麼，幾次政黨輪替的時候，為什麼不去修改它呢？

古往今來，何曾有皇帝願意放棄「御史」和「科舉」的權力？中華民國總統穿著「長袍馬褂」全面執政，有何不可？

這也就不難理解，為什麼各政黨都要用盡一切手段爭取全面執政，而選舉的亂象和抹黑文化，也就不可避免了。

唯一的重要差別是，為了維護政權的穩定，政治上的「創新」就被權力關進籠子裡了。

結語

政治創新總是發生在動盪的年代；全面民主化二十多年的台灣，雖然享受著十大建設時期以來積下的成果，但經濟已經隨著停滯二十年。

先秦時期誕生《禮記．禮運》思想體系的時候，沒有鐵路、沒有公路、沒有航空；孫中山先生寫下《三民主義》、《五權憲法》的時候，沒有電腦、沒有網路、沒有人工智慧。

當政府口口聲聲喊著「創新」的時候，其實許多作為只是為了「權力」，卻忘了真正最需要創新的是它自己。

這才是真正的「裝睡的人叫不醒」。誰有能力來叫醒他們呢？

22

民主也需要創新

政治是管理眾人之事，權力來自人民授權。在民主國家，人民就是「主人」，政府理當將人民視為「客戶」，以被授予的權力服務人民。

在寫完上一篇文章之後，我想把一個存在心中許久的問題提出來探討：「對政府而言，人民究竟是『主人』？還是『客戶』？」

要探討這個問題之前，讓我們先回顧過去的歷史：中國過去的五千年，是一部從原始群居、氏族部落、封建王朝、中央集權、君主專制，直到推翻滿清建立共和的發展史。

其實看看歐洲發展的歷史，也離不開相同的軌跡；歐洲封建制度形成於第八世紀，十一世紀開始定型，之後的二百年是全盛時期。十三世紀中葉之後，王權鞏固、封建逐漸沒落，起而代之的是政教合一君主制；從十七世紀起，英國及其他國家的君主王權採用立憲制度，權力從「神授」轉為人民賦予。

國體與政體

依照歷史的發展，國家政治型態可以依「國體」和「政體」的不同，出現幾種組合。

「國體」指的是統治者產生的方式，可依世襲君主的有無分為二種：

一、君主國：國家元首由世襲君主擔任。

二、共和國：沒有世襲君主的國家。

「政體」指的是國家統治的方式，常依統治者是否對人民負責而分為二種：

一、民主政體：統治者由人民自由選舉產生，並對人民和國會負責。

二、獨裁政體：統治者非經自由選舉產生，不對人民與國會負責。

四種政治型態

讓我們用二乘以二的矩陣，來對二種「國體」與二種「政體」的排列組合結果簡單分類；

此時會出現四種不同的政治型態，如附圖所示。

但不論是哪一種政治型態，權力都掌握在統治者手裡。我在第三本書《創客創業導師程天縱的專業力》寫過一篇〈願景背後的權力該為誰服務？〉，裡面曾經提到一句話：**權力永遠會為賦予和產生它的組織或團體服務。**

我們就來探討一下，這四種政治型態統治者的權力來源，就大致明白統治者是「為誰服務」。

君主立憲國的君主只是個「象徵」，權力主要掌握在經由民主選舉產生的「總理」或「首相」手中；因為他們的權力來自人民的選票，因此會為人民服務。

民主共和國沒有世襲的君主，權力也掌握在經由民主選舉產生的「總統」手裡，理所當然會為握有選票的人民服務。

至於君主獨裁國家，權力都掌握在經由世襲成為君主的統治者手裡；所以權力通常都只為自己服務，

附圖：政治型態

	君主國體	共和國體
民主政體	**君主立憲國** 英國、日本	**民主共和國** 美國、法國
獨裁政體	**君主獨裁國** 沙烏地阿拉伯	**獨裁共和國** 利比亞、緬甸

滿足自我統治的穩定與正當性。

獨裁共和國雖然沒有「君主」，但是統治者通常是靠著武力和金錢，取得統治者的地位；只要手握槍桿子和金錢，就可以實行獨裁統治。所以，手中的權力當然也是為統治者自己服務。

實行民主政體的國家，人民當然是「主人」，也是「客戶」。實行獨裁政體的國家，人民既不是「主人」，也很難是「客戶」；在許多獨裁國家裡，人民還有可能是「敵人」，因為他們可能會起而反抗，造成統治者的不穩定。

中華人民共和國

在北京中南海的牆上，寫著大大的五個字：「為人民服務」；這是毛澤東於一九四四年九月八日所提出的一個口號，意指「為人民的利益而工作的思想和行為」。

中華人民共和國政府將這句口號作為政府的宗旨，也被當作共產黨員和政府公務人員的法定義務。

依照《憲法》，中華人民共和國的「國體」是「由工人階級領導、以工農聯盟為基礎、人民民主專政的社會主義國家」；簡單說，就是「共和國體」。

而其「政體」則是依照《憲法》實行人民代表大會制度；「全國人民代表大會」是國家最

高權力機關，閉會時由「全國人大常委會」代行大部分職權，實行民主集中制。簡單說，就是「民主政體」。

從其《憲法》理論上來講，中華人民共和國應該隸屬於「民主共和國」的行列裡。但是，從中國大陸的施政來看，實際上是由共產黨總書記主持的「中央政治局」及其常委會行使職權，而他們的權力來源則是「中國共產黨」；因此在中國大陸，統治者的權力一定先為共產黨服務。

從「為人民服務」這句話來看，中國大陸政府是希望把「人民」當作「客戶」來服務；但由於中國大陸沒有真正的民主選舉制度，統治權力並非來自人民，所以使得「為人民服務」的理想只能淪為口號。

習近平上台以後，反貪腐行動的規模之大、人數之多、層級之高，可以看出與其說是「為人民服務」，事實上是「為人民幣服務」。

中華民國

在上一篇文章裡，我已經詳盡敘述了台灣在一九九六年開始總統、副總統直選，真正進入民主共和國家的行列。照前述的分析，台灣人民應該是政府的「主人」，也是「客戶」，應該擁有很高的客戶滿意度才對。

然而，為什麼會出現三次政黨輪替？

政黨輪替表示「客戶」非常不滿意，因此在選舉時恢復「主人」的身分，用選票將政府解僱了。

民主化是一個過程。在過去的政黨輪替裡，台灣選民的民主素養和對民主的認知也逐漸成熟；但如果光是選民進步了，「政黨」仍然深陷於傳統的操作方式，不思進取變革，那麼選民仍然只有在有限的選擇中，挑選「比較不爛」的。

政黨的創新，讓我留待之後再談；這裡先針對人民的「客戶」身分探討，提出我的所見所思供大家參考。

台灣雖然如同其他民主共和國家，至少有二大政黨，但是由於歷史原因，始終陷在嚴重紛爭對立的「統獨」意識型態裡；因此，「主人」也被撕裂成了二個截然不同的群體。

在選舉期間，人民是「主人」；二大政黨各有各的「主人」基本盤支持。雖然台灣也有許多小黨，希望形成第三勢力，提供人民第三種選擇，但是這些小黨在統獨橫軸上的位置並不是中間，反而是更極端的兩頭。

二大政黨為了爭取各自的基本盤，避免被小黨瓜分，反而更加造成藍綠二陣營的分裂；政黨與各自的「主人」互相洗腦、形成同溫層，於是形成了「只論顏色，不論是非」的特殊政治文化。

贏得選舉、手握大權的執政黨，為了四年後的連任，仍然遵循著「權力永遠為賦予和產生它的組織或團體服務」的原則，努力為人民中的「客戶」服務；但很明顯地，執政黨都是意識型態掛帥，只為「自己的」客戶服務，並非為「全中華民國人民」服務。

更有甚者，把非我族類的「客戶」視為敵人，以手中的「權力」進行追殺與報復；過程中難免會產生「附加傷害」（collateral damages），造成更多「客戶」不滿意。

當然，也有誠心想當「全民總統」的執政者，推出兩邊討好的政策，或是選用兩邊的政治菁英組成內閣；但是由於本身能力不足，施政結果不佳，反而導致意識型態不同的兩邊「客戶」都不滿意。

三次政黨輪替，原來具有資源優勢的執政黨，反而都以懸殊的比數落敗。如果執政者仍然死抱住傳統的選舉策略和意識型態，不從「市場」的角度去理解「客戶」的需求和痛點、不以創新的思維模式去變革，那麼政黨輪替就會成為台灣式民主的宿命了。

結語

在二十一世紀的今天，民主化是大勢所趨，君主獨裁國家必然滅亡；君主立憲國家之所以存在，有其保存傳統文化的必要性，但不失其民主的主體性。

獨裁共和國家只是披著共和外衣的獨裁政權，在國富民強、教育普及後，必然會被民主潮流所取代；**民主共和國家雖不臻完善，卻如同人工智慧一般，可以自我學習、自我改善**。

政治是管理眾人之事，管理眾人的權力來自人民的授權。在民主國家，人民本來就是「主人」；被授予權力的政府，理當將人民視為「客戶」，以被授予的權力服務人民，以期達到最高的「客戶滿意度」。

台灣民主化才二十多年，政府、政黨和人民都必須有正確的價值觀與方向；在學習與改善的過程中，必須拋棄舊思維，以「創新」的精神，找到最適合自己的民主道路。

清人袁枚認為，封建是「道可行而勢不可行」。他說：「先王有公天下之心而封建……故封建行而天下治；後世有私天下之心而封建……故封建行而天下亂。無先王之心，行先王之法，是謂徒政。」

我們或許也可以借用袁枚的話這樣說：「西方國家有人權平等的價值觀而實行民主……故民主行而國家治；台灣政黨有私天下之心而民主……故民主行而國家亂。無西方人權平等的價值觀，實行西方民主之制，是謂徒政。」

23

代表公司的三種人，是推動改革的基礎

治理國家和經營企業的挑戰都一樣，國家、政府、公司都只是一個名詞；要啟動任何改革，都需要找到能夠「認同」和「代表」這個名詞的人，而這些人就是無條件支持變革的「親友團」。

旅居加拿大溫哥華里奇蒙（Richmond）的朋友許桐瑞，在我第一個臉書帳號的〈民主也需要創新〉一文留言如下：

加拿大政府對於初抵加拿大的新移民，都有提供一個免費的文化融入課，只是一般華人都簡稱它為免費的英文課。

記得當年有次上課，剛好討論到市政府的一些政策問題，底下同學們的意見紛陳（當時全班幾乎全是華人，難得會有一、二個其它族裔）；不過幾乎在所有的發言中，都會出現「政府應該如何如何」這樣的句子。

最後，老師的結語只問了我們一句：「Who is the government?」（誰是政府？）這個問題如同當頭棒喝，讓我至今深刻難忘。

或許是文化因素，或許是成長背景，我們對跟我們每個人息息相關的「政治」議題，都像是針對別人家的事情一樣地討論著，或是如「清客」般不得罪人的發言。

甚至在最後補一句「不在其位」就結束了。但「誰是政府」？政府的無作為，又是誰在「無作為」呢？

桐瑞的這番話，勾起了我一九九二年初赴北京擔任中國惠普總裁時的一段回憶。在取得桐瑞的同意之後，先引用他的這段留言作為本文的引子，然後再分享我的真實案例。

改革開放初期的合資企業

一九八五年，中國惠普成為中美在高科技領域成立的第一家合資企業。為了不讓合資企業員工的薪資與中方企業差距太大，因此針對合資企業有個「薪資封頂」的規定；細節請參考我第四本書《每個人都可以成功》裡的〈「我在中國惠普的六年」故事四：法規與稅務的快速改革〉一文。

為了快速引進西方的企業管理制度，外方股東會從海外派駐大批的管理和技術人員進入合資企業，並擔任重要職務。但在同一個企業工作，同工卻不同酬，連在國內出差，中、外方員工所住的飯店都不一樣。

在薪資和國有企業相當，而住房等實質福利又比不上國有企業的情況下，中方員工普遍都會心理不平衡；再加上中、外方員工種種的差別待遇，讓中方員工覺得，惠普公司標榜的「以人為本」價值觀、人性化管理，或是「惠普之道」（The HP Way）企業文化，在中國惠普根本不存在。

這些牽涉到體制和政府法規的問題，不是短時間內很容易解決的。而大部分外方派駐中國大陸的經理人，都有了任期的時間限制，短則二年、長則三年，就要返回原來的駐在國；誰會去挑戰政府政策、改變整個合資企業的薪資結構？

拿起筷子吃肉，放下筷子罵娘

這些外方經理人，雖然深信惠普的價值觀和企業文化，但對於這種不平等現象，心裡即使感到虧欠也愛莫能助。只能在部門預算範圍內，經常帶著部門員工到比較高檔甚至五星級飯店的餐廳聚餐；美其名曰「團建」（team building），實際上就是慰勞員工，減少他們心中憤憤不平的怨氣。

但是在聚餐時，員工往往專點最貴的菜餚、喝高檔的酒水；一頓飯吃下來，人均消費可以高達中方員工的半個月薪水。更離譜的是，有員工在餐後返家的交通車上還醉醺醺地大聲說「吃垮資本主義」。

雖然我擔任中國惠普總裁一職，但因為初來乍到，所以即使瞭解了這種特殊情況，對於行之有年的潛規則也不方便任意改變；但是，我對中國惠普進行體制大改革的決心，很快就確定了。

當時，中國惠普也如同其他國有企業，提供員工上下班的交通車服務，作為員工福利。透過許多私下的管道，我也瞭解到員工在搭乘交通車時，最有興趣也最常聊起的話題就是「罵公司」；抱怨各種不公平的制度、薪資福利、管理方式等等。

雖然員工這種同仇敵愾的怒罵，也可以凝聚共識、紓解壓力，但是久而久之，各種八卦、誇大、加油添醋、負面甚至不實的指控都紛紛出現，造成了超高的員工離職率，對公司的業務發展也有極壞的影響。

在當地有句順口溜，形容人只會享受好處而不知感恩；就如同小孩一邊吃著母親準備的飯菜，一邊罵著辛苦的母親。這就是所謂的「拿起筷子吃肉，放下筷子罵娘」。

我覺得我身為中國惠普的總裁，不能對這些有損惠普價值觀和企業文化的脫序行為放任不管。

改變文化的戰爭

樹立正確的價值觀而改變企業文化，不是依靠「職權」或「威權」就可以達成的。價值觀與文化的戰爭，就是一場「人數對人數」的戰爭；通常是人數多的一方，會感染和同化人數少的一方。

雖然我是這個合資企業的最高領導人，可是我也不是真正的「資方」，只是一個派駐中國、有任期限制的「專業經理人」。

真的是應了「鐵打的營盤、流水的『官』」這句話；面對廣大的中方本地員工，我肯定是屬於極少數人的一方。那麼，我要怎麼打贏這場戰爭？

「員工」同仇敵愾罵「公司」，就如同我的臉書朋友許桐瑞在本篇文章開頭所說的：「誰是政府？」我當時就是這麼問我自己：「誰是『公司』？」

很明顯，我是站在「公司」這一方的。

首先，我必須廣為「招兵買馬」，擴大我的陣營，也就是增加認同和代表「公司」的人群；經過幾天的思考後，我心裡有數了。

黨的生日

隔幾天就是七月一日，也就是共產黨的「生日」。在一九九二年，中國惠普當然有黨支部和黨員；於是我在自己主動要求下，參加了黨支書召開的慶祝活動，並且致詞表示慶賀。當年所有的政府機關、國有企業、事業單位，都是週休一日、上班六天；週六下午還要學習「紅頭文件」，正確瞭解黨的策略與方向。

於是，在對黨員恭喜黨慶的致詞中，我提到了這些「拿起筷子吃肉，放下筷子罵娘」的風氣問題。

在我的眼睛直視下，許多年輕黨員低下頭來，我知道「敵人」的數量不可輕忽；但我的目的，就是要爭取這些人成為我的首批隊友。

誰是「中國惠普」？

於是我對著他們侃侃而談：

> 我們公司的同事都是知識分子。大家要明白一個道理：即使要打架，也要挑一個旗鼓

相當，或是能夠還手的對手，這樣打贏了才光榮。在交通車上，這種罵公司已經成為一種習慣，形成一種文化；原來對公司沒有什麼反感的人，在從眾心理壓力之下，也紛紛加入罵公司的行列。請問各位：「誰是中國惠普公司？」公司即使被委屈了，要如何申冤？被同事們罵急了，能夠還手嗎？能夠辯解嗎？

三個代表

在台下一片低頭沉默中，我乘勝追擊。

我認為我們公司同事當中，有三種人代表中國惠普公司；他們有不可推卸的責任，要站出來為公司說話。

第一種人，就是在公司裡面擔任管理職務、直接領導部門的主管們。比起一線的工程師和員工，他們領比較高的工資、享受比較好的福利；公司授權他們直接管理和領導「人」，所以他們在員工面前就代表公司。

第二種人，就是績效考核被評為頂尖的「績優員工」；就如同你們在求學階段，被評為「三好學生」的這些人。

「績優員工」和「三好學生」一樣，經常受到公開表揚，都是其他人的榜樣，是其他人的學習對象；那麼，這些人能夠不代表公司嗎？

第三種人，就是在座的各位，也就是加入共產黨的黨員們。我本人來自台灣，我沒有加入任何政黨，但是我對政黨黨員都有非常崇高的敬意。

不論是共產黨或是國民黨，當年創黨時都是在動盪不安、天下大亂之際；當時加入政黨、獻身革命的人，都是把腦袋瓜子繫在褲腰帶上，準備隨時犧牲的。是什麼樣的力量，讓他們犧牲生命也不在乎？就是一股革命的理想，為天下人的生存而革命犧牲的理想。

懷抱著理想入黨的各位，在中國惠普擔任各種不同的職務，為公司的發展而努力；我相信你們的理想還在，你們就是中國惠普的代表。希望在座的各位，面對員工對公司的不實指責時，能夠站出來為公司辯護。

在我的致詞結束後，所有人都抬起頭來，眼睛發出光芒，並且給我熱烈的掌聲。在往後的各種體制改革、企業文化的建設，這些人都是我強而有力的支持者。

結語

價值觀與文化的戰爭，就是一場人數對人數的戰爭，通常是人數多的一方，會感染和同化人數少的一方。

期待改變文化，需要有策略、有步驟地「說服」人們，加入改革的陣營。就如同我在《每個人都可以成功》的〈我的臉書社群研究（一）〉文中提到建立「粉絲經濟的洋蔥圈」一樣：先找到「親友團」，再逐步擴大至「粉絲團」、「圍觀團」、「發酵團」。

當你的陣營足夠壯大時，量變就會帶來質變。

治理國家和經營企業的挑戰都一樣，國家、政府、公司都只是一個名詞；要啟動任何改革，都需要找到能夠「認同」和「代表」這個名詞的人，而這些人就是無條件支持變革的「親友團」。

變革本身就是一種創新，不僅僅想法要創新，做法也要創新。

政黨也需要創新

如果一個企業或部門只強調管理，而不重視領導，那就會形成一種「官僚文化」；反之，如果只強調個人領導，而不重視制度化管理，那這個企業或部門就會形成隨領導者好惡的「幫派文化」。

在企業經營管理的領域中，管理和領導都同樣重要，不可偏廢；我曾寫過一篇〈實踐「管理」和「領導」的微妙時機〉，收錄在《創客創業導師程天縱的經營學》中，詳細說明了「管理」和「領導」的差別，歡迎讀者先參考。

政府的組織和編制比較嚴謹，員工或許有「全職」與「契約工」的差別，但是都會反映在費用和成本上，所以必須先有編制，才能做出預算。從這個角度來看，「政府機構」比較像是「企業」。

政務官與事務官

在民主體制的國家裡，實施民主選舉和政黨政治；贏得選舉的政府首長，就可以組織自己的「內閣」，負責重要的政府部門工作。因此，在政府機構的管理層就出現了「政務官」和「事務官」。

這方面在維基百科中有很好的解釋：

事務官為文官公務員系統成員。相對於政治系統中的政務官，事務官在政治上必須保持中立，任期不由選舉和黨派轉換所影響。另一種定義的事務官不是以產生方式，而是以權責區分，指在政府中負責實際執行事務的官員；相對而言，政務官是指領導並做出決策的官員。

我簡單地總結「政務官」和「事務官」體制下的二個重點：

一、政府機構的政治導向重於服務導向。

政府機構基本上是一種「服務業」，尤其是在「民主共和國」體制的國家裡，人民既是主人又是客戶（請參考前面〈民主也需要創新〉一文）。

但是，當政務官領導事務官時，政治就凌駕於服務之上，因為政治就是「管理眾人之事」，所以此時「管理」會重於「服務」；即使通過政治任命的政務官有「苦民之心」，心存服務之意，也會因為台灣的統獨兩極化，而選擇性地服務一部分人。

二、鐵打的營盤，流水的政務官。

事務官是文官系統培養出來的專業公務員；只要工作中不犯大錯、執行事務時保持與老闆（政務官）的決策方向一致，任期就不會被選舉或黨派轉換影響，這就是「鐵打的營盤」。

政務官則如流水般來來去去，可能因為政黨輪替、選舉換人或績效不彰等因素，平均在任時間都非常短；這種現象並非只有在政府機構中出現，在其他現實生活中也屢見不鮮。

例如在兵役制度下，大專畢業生可以透過考試成為預官；下了部隊就是排長，可以管到專修班畢業的職業軍人班長。隨著役期越來越短，就形成了「流水的預官」管理專修班班長的「鐵打營盤」。

在亞洲的外商跨國企業組織裡面也有相同的現象。在亞洲當地國家的總經理，經常是由歐美總部派駐過來、有任期限制的「老外」；此時本地員工就是「鐵打的營盤」，總經理就是「流水的官」。

尤其是在國有企業、官股控股的企事業單位和財團法人機構，負責人都是政治任命，和政務官沒什麼兩樣，所以也都是「鐵打的營盤，流水的官」。

政府文化

以二〇一九年八月開始的集集彩繪石虎列車新聞為例子，根據報導，負責該案的設計師江孟芝坦言原先的石虎圖案是從圖庫買來的；原圖的俄羅斯設計師大方在臉書表示，願意將新繪製的石虎圖案無償提供台灣使用。

沒想到觀光局表示將用江孟芝設計團隊畫好的新圖，直接婉拒俄羅斯設計師的美意，引發網友熱議。

時任交通部長林佳龍在八月二十七日晚間親自出馬滅火，坦言觀光局婉拒俄羅斯設計師好意是欠缺考量的行為，觀光局應收回這句話，並想辦法促成這樁美事。

交通部長是政務官，負責做「決策」，觀光局長是事務官，負責「執行」事務。台灣是民主共和國體制，政務官的權力來自人民的選票，自然對民意十分重視；事務官的權力來自政府官僚體系，以執行長官意志和不犯錯為原則。

這就造成了政府的事務官重「管理」，政務官重「領導」的奇怪現象。由於政府是「鐵打的營盤，流水的官」，官是短暫的，營盤是長久的，自然而然地，政府只重管理，只重依法行政，只重SOP，形成了「官僚文化」。

政黨文化

政務官大部分都來自政黨，而且可以說是以職業政治人物為主。政府的管理與領導，與企業大同小異，但是政黨的管理和領導，就和企業大不相同。

如果探討一下政黨在政治上扮演的角色，一個極端是政黨只是選舉機器，根據政黨的價值觀和理念推出候選人，動員黨員和人民使其候選人當選；不管是施政或立法，皆以民意為依歸。

另一個極端則是中國共產黨，其組織和管理完全結合國家行政機構和企業，形成黨政雙軌制，以黨領政、領軍，產官學研，黨組織無所不在。整個金字塔組織架構，從頂端到基層，管理嚴謹。

而台灣的政黨則處於這兩個極端的中間。台灣政黨組織多半專注在金字塔頂端的組織，架構非常嚴謹；但對於金字塔底層廣大黨員的組織和管理，則是非常鬆散。

構成頂端組織的大部分都是職業政治人物和黨工，而底層組織則是透過各地方黨部與地方派系的利益結合，來動員黨員及民眾。

國、民二大黨皆在政黨理念上實施了所謂「民主集權制」，在組織架構上則都參照了所謂「列寧式政黨」；導致出現「黨意凌駕於民意」、「立法院黨團無法自主」的現象，在二〇二〇年的總統大選和立法委員選舉中，表露無遺。

所謂「民主集權制」，引用前中國國民黨領袖蔣介石及國民黨創黨元老胡漢民的說法：

蔣介石：「根據民主集權制的原則，本黨（中國國民黨）政策在討論階段，是民主的，人人都可以發表意見，自由討論；在執行階段是集權的，一經共同決議，必須一致執行，以求行動之統一與力量之集中。行動統一的規律，是個人服從組織，少數服從多數，下級服從上級，全黨服從領袖。」

胡漢民：「此等全黨黨員參與共同討論決議及選舉之制度，即所以保證民主主義之實行。討論既經終了，執行機關既經議決，則凡屬黨員，均有遵守此等決議案或命令並實行之之義務，此即所謂政黨的集權制度。」

時空轉變，民主化後的台灣政黨，對於廣大的黨員無法有效組織和管理，又該如何達到全黨黨員參與共同討論？就以國、民二黨二〇二〇年總統提名黨內初選為例，民進黨採取五〇%

固話、五〇％手機民調，國民黨則採用一〇〇％固話民調，黨員哪裡去了？

這種金字塔頂端組織嚴謹、底層組織鬆散的架構，形成了只重視「領導」（也可以說是民粹），而不重視「管理」的政黨「幫派文化」；也難怪「地方派系」在今天的政治生態中，越來越有影響力了。

一旦形同幫派的政黨贏得選舉、取得執政權，就大肆分贓，形同封建，毫無專業和經歷的，都可以擔任政務官或企業董事長，如何「管理」？如何「決策」？

也有許多聲音說：政務官沒有專業和能力無所謂，只要懂得「用人」和「領導」就可以了。

但是，「領導」需要時間，才能贏得團隊的信任與尊敬，才能感動人心。在「鐵打的營盤，流水的官」的現況下，政務官哪來的時間建立「領導」的威信？

結語

以一個專業經理人，從企業經營管理的角度，來看今天台灣政治的問題，我只能看到表象，無法提出具體建議。

政府文官體系只重視管理與執行，專業的人無法做決策，決策者往往不專業，於是不做不錯、多做多錯，處處推事不攬事，「官僚文化」盛行；政黨的職業政治人物只重視「領導」和「民粹」，無法有效組織和管理黨員，只能結合地方派系，加速強化「幫派文化」。

黨內容得下派系的，透過「民主集權制」，黨意越來越凌駕於民意之上。黨內容不下不同聲音的，則不斷地脫黨分裂。

這些職業政治人物，一旦執政成為首長或政務官，也無法有效「管理」政府文官系統；又由於「鐵打的營盤，流水的官」，沒有足夠時間樹立「領導」威信。

政黨如果無法與時俱進，在民主化的今天，仍然實施著掛羊頭賣狗肉的「民主集權制」和「列寧式政黨」的組織架構，這就如同之前我在前面〈政治也需要創新〉一文中提到的：「宛如二十一世紀的現代人，仍然穿著清朝時期的長袍馬褂。」

政黨不創新、不變革的話，台灣的民主進程就會停步不進，甚至倒退。

科技產品的「民主化」

翻開人類的政治歷史，從封建、集權到民主共和，走了幾千年；科技產品的誕生、成長，也同樣經歷封建、集權到民主化。這是一個不從技術層面來探討的新視角，讀者們不妨以創新的心態來看待本文。

通訊產品的民主化

安東尼歐・穆齊（Antonio Meucci）一八五六年發明了類似電話的設備，而亞歷山大・貝爾（Alexander Graham Bell）則在一八七六年獲得電話發明的美國專利；一八七八年一月，美國第一個商用電話交換所（telephone exchange，即電話機房）在康乃狄克州紐哈芬（New Haven）投入營運。

早期的電話通訊由電信局中央集權，控制了網路、交換機、終端電話機等設備；而隨著專用交換機（private branch exchange, PBX）的推出，原本由電信局中央集權的部分權力，也就開始下放給一些大型企業和機構。

一九八〇年代，包括索尼在內的固定電話機生產商，把「一台母機連結多組子機」的家用室內無線電話（cordless telephone）引進消費市場；於是權力更進一步下放給消費者，並且以無線技術解開了聽筒被話機綑綁的束縛。

一九八〇年代末期，摩托羅拉研製出第一代類比訊號的行動電話，並於一九九〇年代投入商用。通訊系統自此徹底民主化，讓消費者得以自由行動；往後的智慧型手機在語音通話之外，又增加了多媒體和上網等額外的通訊功能。

電信系統的民主化才經過一百多年，但科技的發展速度仍然遠比政治要快。

電腦產品的民主化

艾倫・圖靈（Alan Mathison Turing）是英國電腦科學家、數學家、邏輯學家、密碼分析學家和生物數學家，被視為電腦科學與人工智慧之父。

讀者們對圖靈或許不熟悉，但是二〇一五年根據他的故事改編拍攝的電影《模仿遊戲》（*The Imitation Game*），可能許多人都看過。以他為名設立的「圖靈獎」（ACM A. M. Turing Award），堪稱電腦界的諾貝爾獎。另外特別藉這個機會提一下，他是我兒子Jimmy非常崇拜的偶像。

可惜，業界一般認為，世界上第一部電腦是由美國人約翰．莫克利（John Mauchly）與普雷斯伯．伊克特（J. Presper Eckert Jr.）在一九四六年發明、一九五二年商品化的；第一台大型電腦系統由ＩＢＭ宣布建造完成，接著則有許多廠商投入迷你電腦（minicomputer）的研發銷售。

一九七一年，英特爾公司（Intel）成功研製出第一台四位元微處理器Intel 4004，可以說是微電腦風潮的開始；一九八二年之後，微電腦開始普及，大量進入學校和家庭。

如同通訊產品的民主化過程一樣，早期電腦大型主機（mainframe）和迷你電腦的使用也是中央集權式的，只能由企業或機關的管理資訊系統（management information system，下稱ＭＩＳ）部門來全權掌控。使用者必須在上班時間、在辦公室裡，才能透過電腦終端機（terminal）來使用電腦。

在微電腦尚未普及時，許多微處理器是被應用在「電腦終端機的智慧化」；在這段時期之中，可以視為電腦的部分計算功能被下放到終端，提供給使用者作主。

但是，電腦終端仍然必須依靠電腦主機，也仍然被連接主機的數據線所束縛；而這就如同民主化的第一步「間接民主」，而不是以「普選」或是「直選」為基礎的「直接民主」。

一九八〇年代，智慧終端（smart terminal）脫離了電腦主機，獨立運作，搖身一變成為個人電腦。當時由於必須安裝在桌上，也有人稱之為「桌上型電腦」；這時就實現了電腦產品的

「直接民主」，進入了尋常百姓家。

隨著微處理器的運算能力、顯示螢幕、電池、鍵盤、散熱等功能的進步，使用者對於「行動使用」的需求越來越強大，於是電腦體積越來越小、重量越來越輕，但功能也越來越強大的「筆記型電腦」就逐漸取代了「桌上型電腦」。

網際網路的民主化

在網際網路（Internet）出現之前，電子數據交換被一些企業和機構視為一種商務手段，應用範圍有限；而網際網路的迅速發展和普及，使企業與企業之間、企業與消費者之間，各種新的商業模式層出不窮。

網際網路的主要前身稱為「ARPANET」。一九七四年，美國國防部國防高等研究計劃署（DARPA）的羅伯特．卡恩（Robert Kahn）和史丹佛大學（Stanford University）的文頓．瑟夫（Vinton Cerf）開發了網際網路協定套組（TCP/IP），定義了在電腦網路之間傳送資訊的方法，建立了這個封閉式網路。

一九八六年成立的「網路工程任務小組」（Internet Engineering Task Force, IETF），以及一九九二年成立的網際網路協會（Internet Society, ISOC），對於電腦網路技術方案的甄選、網際網路協定，以及標準的建立都有重大貢獻，使得網際網路的管制和應用，由國防軍工和學術研究的「集權式管理」，走向產業發展、企業應用，以及消費者上網的「民主化」公共網路。

直到二十一世紀初期，使用者上網主要是靠個人電腦和筆記型電腦；而依照電話和電腦的發展軌跡，使用者對於下一波網路趨勢的期待，自然應該是「行動上網」。

但當時筆記型電腦上網，仍然必須透過數據機和電話或網路線，通過TCP/IP協定接上網路，而不是透過無線通訊方式上網，因此還是不能稱為真正的「行動上網」。

最合理的行動上網終端設備應該是手機，但當時的手機主流產品是「功能型手機」（feature phone）；而對於功能型手機而言，工業設計的潮流是越來越小型化，所以我們當時可以看到許多越來越小的手機，甚至只有一條口紅這麼小。

這些功能機在沒有高階「智慧型」作業系統的情況下，功能十分有限；在離不開鍵盤輸入的前提下，使用也非常不便。特別是在小型化的趨勢之下，不管是翻蓋或滑蓋手機，透過小螢幕上網的影音體驗都很差。

於是蘋果的史蒂夫．賈伯斯（Steve Jobs）決定抓住機會進入手機市場。二〇〇七年一月搶先推出專為行動上網設計的iPhone。於是就有了無鍵盤、觸控輸入、大螢幕，在當時來說非常「異類」的智慧型手機出現。

然而，iPhone不僅大幅提升了行動上網的用戶體驗，後來也徹底改變了手機產業。

結語

從以上三個例子來看，高科技技術和產品離不開三個階段的發展：集權、民主、自由（行動／移動）。

政治本就是「管理眾人之事」，在初期必定會是「中央集權」的方式，制定社會群體生活的規範；隨著經濟發展與教育普及，人權要求高漲，「民主」成為趨勢。

在民主體制下，政府的功能必須由「管理為重」轉型成「服務為重」；在人民是主人、執政權力源自人民選票的事實下，人民的各種「自由」程度就越來越高。

高科技產品的發展不也是如此？只要能符合這個「民主」、「自由」趨勢的產品，必定能贏得客戶與用戶的心。

人生，其實也可以創新

這個世界就像遊樂園，每個人都可以來玩一次，也都有三個階段要走過。在這裡能做些什麼，每個階段都不一樣；然而對每個人來說，「第三人生」都是完成人生使命的時候。如果錯過這個階段，人生就真的只能徒留遺憾了。

這篇文章的重點有三個：

一、人生大略可分為學習、工作、退休三個階段，目前的「中高齡就業」趨勢是延長第二人生、縮短第三人生。

二、人生創新的可能性之一，在於調整教育制度與投資比例，進而改變三段人生的比例，同時改善年輕人在第二人生中的問題。

三、對於現有制度的思考和改變，可以讓每個階段的人都善用資源、實現更多願望。

讓我們想像一下：這個世界就是一個大型的遊樂園，感謝父母親給了我們一張進園的門票，並且帶著我們進遊樂園、陪伴我們一程，然後留下我們獨行。

只是，每個人的門票都有時限，時間到了就必須出園；麻煩的是，每一個人的時限都不盡相同，而且也沒有寫在門票上。所以，我們都不知道什麼時候必須離開這個遊樂園。

遊樂園的規則必須瞭解，各種設施的玩法也必須學習；重要的是，**玩樂必須付費、規定必須遵守**，否則就會亂成一團。

每一個人來到遊樂園的目的不盡相同，但是基本的過程大致一樣。

首先，我們要瞭解、學習樂園的情況，以及各種遊樂設施的使用與操作；接著，我們必須先工作，服務其他遊園的客人、操作維護各種遊樂設施，以賺取足夠的錢，然後才輪到我們去玩樂。

我很珍惜進入遊樂園的機會，希望能夠盡快完成學習、工作賺錢的階段，然後保持感恩和快樂的心情去痛快地玩樂；等門票時限一到，我們就帶著美麗的回憶，無憾地離開樂園。

三段人生

愛爾蘭成人教育學家愛德華．凱利（Edward Kelly）把人的一生分為三個階段：第一人生是念書時期，第二人生是家庭與職涯；退休後，稱為「第三人生」（The Third Act）。

台灣人的平均壽命是八〇．四歲，其中男性七七．三歲、女性八三．七歲，高於全球平均值。如果七歲上小學，那麼大學畢業大約二十三歲；假設工作到六十歲退休，那麼這三段人生就分別是二十三年、三十七年、二十年。

以遊樂園的概念來看人生，我們都花了六十年時間來學習、賺錢，以便達到進入遊樂園的目的；而最後如果有幸，則尚有二十年可以好好享受這些歡樂氣氛與時光。

但是根據衛福部統計，台灣老人在過世之前，平均會因病而臥床七．三年。以台灣男性平均壽命七七．三歲來看，如果工作到六十歲退休，並且排除臥床時間，能夠健康享受遊樂園的時間則只有短短十年。

雖然在這三段人生之中，尤其是前二段，在學習、工作的同時，也能做到與生活的平衡，可以邊學、邊做、邊玩，但畢竟學習與工作還是有壓力存在。

套句現下流行用語「世上苦人多」，這些占多數的「苦人」、「社會底層人」，可能終其一生都在為生活奔波勞碌；這個世界對他們來說，可能不是「遊樂園」，而更像是「悲慘世界」。

由於台灣在過去二十年的經濟發展緩慢，低薪成為常態；雖然因為科技發展迅速，網路的發展也加速了科技的民主化，讓年輕人更有意享受這個遊樂園，但他們卻往往為基本的溫飽所苦。

於是為數眾多的台灣年輕人不婚不育、無屋無夢，難得取得了門票，來到了這個花花世界遊樂園，卻每日為了生存而工作，幾乎抬不起頭來。

中高齡者及高齡者就業促進法

台灣在二〇一八年正式邁入高齡社會（六十五歲以上老年人口超過一四%），推估將在二〇二六年達到「超高齡社會」的標準（六十五歲以上老年人口超過二〇%）。

隨著高齡化以及少子女化的人口結構轉變，十五至六十四歲工作人口自二〇一五年達到最高峰後，開始逐年減少。為了因應未來可能出現的勞動力短缺風險，政府透過各種政策、方案、修法多管齊下，希望提升各年齡層的勞動參與率。

行政院會於二〇一九年七月二十五日通過了《中高齡者及高齡者就業促進法》草案，送請立法院審議；草案中定義的「中高齡者」指年滿四十五至六十五歲之人，「高齡者」則指超過六十五歲的人士。

專法中的五個重心包括「一彈、一禁、三補助」。所謂「一彈」是指僱主可以透過定期契約僱用中高齡勞工，以增加雙方彈性；「一禁」是禁止企業對高齡者、銀髮人才有差別對待。此外，「三補貼」則是指：

一、政府對失業的中高齡者有相關失業救濟；

二、對在職中高齡或高齡者有職務再設計補助；

三、對原僱主繼續聘用六十五歲以上勞工有獎助辦法。

行政院長蘇貞昌指出，過去有些人過早離開職場或退休；現在雖為中高齡或高齡者，但實際上仍有體力、技術、經驗及意願重返職場。

政府要活化這方面的人力資源，促使他們繼續投入國家發展所需；而這項草案的目的，就是以制定專法的方式，促進並提升中高齡及高齡者的勞動參與。

台灣政府推出這個專法的立意良善，除了可以保障中高齡及高齡者的就業權，還可以解決台灣勞動人口不足的問題；而**代價就是延長每個人的「第二人生」，縮短「第三人生」**。

只是，難得取得進入遊樂園的門票，短短的入園時間就是不斷地工作，而不去使用各種遊樂設施、分享歡樂氣氛嗎？人生的目的是什麼？

尤其在貧富差距越來越大的現況下，占大多數的貧困人口，等同淪為富者的奴隸，工作至死。難道這就是台灣大多數人的宿命嗎？

答案只有經濟嗎？

台灣不乏聰明人，尤其是政治人物，不論是在朝在野，許多人都說過這句話：「笨蛋，台灣的問題就在經濟！」

一般認為，現代的經濟學誕生於一七七六年亞當．斯密（Adam Smith）發表的《國富論》（*The Wealth of Nations*）。其後幾百年，雖然經濟學理論有大量的研究和發表，但經濟問題和考題大致相同，然而隨著時間、空間、環境和科技的不同，答案卻不一樣。

我不是經濟學專家，對於台灣目前的經濟發展困境，我沒有答案。台灣不乏經濟專家，我相信他們會找到解決辦法；但是經濟發展曠日費時，即使中國大陸在集權專制體制下，全力發展經濟，也需要二、三十年才能有一些成就，更何況已經全面民主化的台灣？

那麼台灣會不會有一、二代的年輕人，浪費了他們的遊樂園門票？

三段人生的時間分配

如果這個世界真的如同遊樂園，我們大部分人可能都希望第三人生最長；可以沒有負擔、盡情享受這個難得的機會；而且要趁著身體還健康、親友都健在的時候逛逛這個遊樂園，才能不辜負父母給我們的這張門票。

可是我們卻將過半時間花在第二人生的工作上，第一人生也占了近三〇％的時間；隨著高齡化、少子化、經濟發展緩慢，我們的第三人生越來越短，有可能就只剩下臥病在床的時間了。

難道我們對這三個人生的分配時間，就沒有辦法改變嗎?政府這個立意良善的政策，恐怕只會使得人生時間的分配更加惡化。

人生也可以創新

第一人生開始於出生、接受家庭教育，接著托兒所、幼稚園、小學、中學到大學；即使不讀碩、博士，也已經二十三年過去了。既然第一人生是以接受教育為主，那我們就談談教育的創新吧。

我們先回顧一下台灣教育制度的沿革：一九六八年，台灣義務教育由六年延長為九年。全國初中、初職及五年制職業學校，均停止招生。此舉提高了台灣人民教育水準，也在一九七〇年代台灣經濟起飛時，提供了技術人才的人力資源。

台灣在進入工業發展國家之林以後，家長對於子女的學歷要求越來越高；雖然台灣人口逐漸少子化，國中升學壓力依舊不減，產生了能力分班、課後輔導、重視升學科目等等的現象。因此在家長的呼籲之下，二〇一四年起正式實施了十二年國教。

至於台灣的大學教育問題，主要在於實用的技職教育已經都被大學所取代，導致大學錄取率高過一〇〇%；其他問題的媒體報導已經夠多了，這裡就不再贅述。

第一人生的變革

台灣的教育制度問題叢生，於是有人呼籲極端的做法。二〇一七年五月九日，劉庭安發表了一篇名為〈讓我們廢掉國民義務教育吧！因為台灣教育出的「標準化工具人」，未來將毫無價值〉的文章（可參閱：https://bit.ly/LTA20170509）。其中主張：

教育的本質應該是：

一、教育人民人生意義和正確價值觀；

二、作為底層階級向上流動的管道；

三、培養商業市場需要的人才。

所以我們應該要採取下列措施：

一、廢除義務教育；
二、廢除公立學校；
三、廢除政府規定教材；
四、廢除政府主導的聯考；
五、廢除政府分配教育研究預算。

我們應該要把政府權威從教育中剝離出來，把政府權力關進牢籠裡，把教育還給自由市場。人們願意為了什麼教育付錢，市場就會提供什麼教育。

到時候，可能國小、國中、高中、大學這樣的形式都不復存在；而是由許多販售知識和價值觀的教育機構組成。

學生不需要到升大學選科系時才第一次為自己的人生做選擇，而是從小到大認為自己要學什麼東西，依自己的需求向市場尋找適合自己的教育。

以上這些主張或許太驚世駭俗，又沒有提到具體的做法，所以被家長們和政府接受的可能性非常低。但劉庭安在這篇文章結語中說的這段話，我倒是十分贊同：

我們今天看中世紀的教育很荒謬，一百年後的人看我們今天的教育何嘗不荒謬呢？教育體制總是跟隨著人類文明和社會變化而改變。而現在，又到了該改變的時候了。

從一個科技產業專業經理人的角度來看，我比較傾向於以「市場需求」和「科技環境」的出發點，來分析探討創新的解決方案。

首先，在年輕世代低薪的現實情況下，夫妻都必須上班，雙薪才能勉強生養孩子；於是托兒所和幼稚園成為主要的「市場需求」。

與其花大把預算投資中、高等教育，不如因應少子化必須在小學減班的趨勢，調整十二年義務教育的軟硬體資源，投入更多到義務托兒所和幼稚園，才能解決年輕父母必須上班、無法照顧學齡前孩子的問題。

其次，今天的「科技環境」使得上網學習與玩樂的年齡降低至三歲；許多托兒所及幼稚園已經提早實施雙語教學，內容也豐富多元，甚至與小學教育有所重疊。

政府教育部門是否可以重新審視現況，調整義務教育的結構和時間？例如，提供一年公托、二年幼稚園、四年小學（整天）、五年中學的義務教育。那麼在年滿十五歲那年就可以高中畢業，年滿二十歲前就可以大學畢業，結束第一人生。

如果設身處地為年輕夫妻著想，全天班的公托、幼稚園、小學，是真正的「剛性需求」；

今天的小學教育仍有許多時候是上半天課，父母排班接回來之後，通常還是要送到更昂貴的私立安親班，於工作時間和經濟負擔都沒有幫助。

小學從六年縮短到四年，主要是要調整課程內容，部分提早到幼稚園，部分由整天取代半天課程。中學教育五年在歐美國家已經有實施的先例，稍微調整課程內容是完全可行的；未來甚至可以由專家研究，縮短為四年。

第二人生的變革

這個階段最重要的是工作，爭取在進入第三人生之前，能夠達到財務自由、精神自主、健康自足的境界；其中面臨最大的外在問題，仍然是低薪。

處於社會中低層、占人口大多數的上班族，除了靠台灣經濟發展和政府公平分配的手段之外，個人實在無能為力；這也是造成台灣南部人「北漂」，或是西進中國大陸成為「台流」的主要原因。

與其配合政府提出的《中高齡者及高齡者就業促進法》，延長退休年齡至六十五歲甚至超過，造成白來這個世界遊樂園一趟的遺憾，不如希望政府教育部門大膽嘗試創新變革，將大學畢業年齡提早到二十歲之前。

也就是說，讓大部分人在年滿二十歲之前，就可以開始第二人生，希望在工作三十五年之後就可以進入第三人生。

我的四個兒子都接受了美國教育，只有老大Jerry讀到博士學位。Jerry認為，如果是選擇走學術研究路線，博士學位是需要的；如果是選擇就業，那麼及早進入企業工作比較有利。

我在〈美國軟體巨擘造就科技實力的人才招募手法〉一文中提到，美國軟體公司招聘畢業生的競爭，已由「畢業前」提早到「暑期實習」（這篇文章收錄在《創客創業導師程天縱的職場力》書中）。

真正好的人才，公司甚至於在實習結束時就給正式的聘書，沒有畢業都無所謂；因為學歷只是進入大企業的敲門磚，能力與經驗都比學歷更加重要。

我另外三個兒子也都認同Jerry的說法，在碩士或大學畢業後就投入企業工作，開始他們的第二人生。

從身體狀況和精神面貌來看，二十歲的年輕人確實也比六十歲「耳順」之年者來得強。提早工作、提早退休，使三個人生的時間分配成為「二〇：三五：二五」，是否要比「二三：四二：一五」來得好呢？

結語

這個世界是否像個遊樂園，或許見仁見智；但是對於「人生只有一次，不能重修」這一點，大家的共識應該比較高。相信「輪迴轉世」的人也會同意，即使有來世為人，也不會是同一個身分了，所以怎能不珍惜今生？

進了這個「遊樂園」之後，究竟要做什麼？學習、工作賺錢、享受美食、玩遍設施、欣賞美景、廣交朋友……？就如同尋找人生的意義，探索人生的目的一樣，隨著年齡和經歷而會有所改變。

不論要在「遊樂園」裡面做什麼，不管人生的目的是什麼，「第三人生」都是每個人最自由、最成熟的階段，可以去完成自己人生的使命。如果錯過這個階段，人生就真的只能徒留遺憾了。

希望有一個比較長的、美好的「第三人生」，應該是大部分「庶民」的共同願望吧？然而，庶民之所以為庶民，就是因為大環境不能操之在我。

台灣之所以可貴，在於我們擁有民主制度，政府重視民意。如果我們能夠提出創新的想法，政府會傾聽主流民意，進而付諸實現，那我們就幸甚了。

破壞式創新想法的特點，就在於最早被提出來的時候，大家都會哈哈大笑，認為是無法實現的天方夜譚；但當大多數人都支持這個想法的時候，「共振」的神奇力量就會出現，政府就會努力去實現它。

讓我們期待下一次的變革，能將我們的遊樂園人生變得更有意義！

後記 維持人類社會的優勢：更加創新、更多創業

有學者認為，人類在二十一世紀末會被少數的超級人類控制，變成低等生物；要避免這個結果，人類必須更加「創新」、有更多的「創業」，讓科技發展和政府體制都更民主化和自由化。因此，創新和創業是人類社會維持優勢的必要途徑。

以色列歷史學家哈拉瑞（Yuval Noah Harari）以希伯來文出版了三本書，正體中文版分別是二〇一四年的《人類大歷史：從野獸到扮演上帝》（*Sapiens: A Brief History of Humankind*）、二〇一七年的《人類大命運：從智人到神人》（*Homo Deus: The Brief History of Tomorrow*），以及二〇一八年的《二十一世紀的二十一堂課》（*21 Lessons for the 21st Century*），都由天下文化出版。

簡體中文版方面，則是由北京中信出版社分別在同年推出的「人類簡史三部曲」：《人類簡史》、《未來簡史》、《今日簡史》。

根據這三本書的總結，二十世紀困擾人類的三大問題是饑荒、瘟疫、戰爭；而人類則是以科學方法，解決了這三大問題。進入二十一世紀之後，人類將會面臨的挑戰是什麼呢？從過去歷史發展的脈絡來看，他預言將會是長生不死、幸福快樂，以及追求神的力量。

克服人類的三個新挑戰

要克服這三個新的挑戰，都需要依靠科技的力量來達成；但無限制的科技發展，將會讓科技失控，導致人類退化，失去對地球的主宰權；可能取而代之的，將是電腦、網路、人工智慧等構成的無機生命新物種。屆時這個新物種對待人類，或許就會像今天的人類對待所有動物一樣。

他認為，二十世紀的「人」在經濟和軍事領域，仍然是不可獲缺的主角；也就是說，經濟的進展和戰爭的發動，仍然需要靠「人」。

但進入二十一世紀之後，更高科技的智慧製造和自動化，將會取代生產線上的工人；由於核武的出現，世界大戰不可能再發生，否則就是全面毀滅的自殺行為。即使有小規模的戰爭發生，主要的戰鬥武力也將會由機器人、無人機來擔綱。

這些聽起來都像是好事，但在經濟和軍事領域都會讓人類的價值逐步降低，最終變成無足輕重。

而醫療方面的發展，將會進一步提升；從生物科技、基因工程、仿生工程，到無機生命，初衷都是為了「治療」，將有缺陷的人恢復健康，使得人人「平等」。

但是醫療的發展很難拒絕「升級」的誘惑；尤其在富人的財力支持下，變成「提升能力」的昂貴科技，最終造成能力「不平等」的結果，就可能會出現具有「神的能力」的新物種。

混沌的未來

哈拉瑞利用了「混沌系統」（chaotic system）來解釋他寫這幾本書的目的，並不是預測這些趨勢必將發生，而是希望提供讀者們思考其他選擇，使得這些情況不會發生。

作者在書中提到了「一階」和「二階」混沌系統，希望讀者能夠得到啟發，提出建議，使得他的預測不會發生。

所謂一階混沌系統，是用科學方法和模型，使得預測越來越準確，但是不會改變預測結果的發生，例如異常天氣；而二階混沌系統，則同樣是用科學方法和模型，使得預測越來越有道理，但是結果越來越不可能發生，最後導致預測完全不正確。

例如推崇共產主義的馬克思（Karl Marx）預測，受剝削的勞工階級將群起反抗，而且將從歐美開始，然後擴散到開發中國家；然而，歐美的資本家和政府也會讀書，他們相信了馬克思的預測，因此採取各種措施，例如減稅、改善勞工福利等等，讓馬克思的預測不會發生。

我的第二人生都在科技產業擔任專業經理人，所以就針對我熟悉的「經濟」和「科技」二個領域，來談談我的感想。

失業的問題

人工智慧和機器人，會不會取代大部分人類的工作，造成大失業潮？

人類是有機生命，人工智慧和機器人是無機生命。由於科技的進步，無機生命可以擁有高於人類的智慧；但作為有機生命的人類，卻同時可以擁有「智慧」和「意識」。所謂意識，就是愛恨、情仇、善惡、苦樂等等情感與道德判斷。

人工智慧和機器人的最大優點，就是可以做「不適合人類做」的工作，或是擔任比人類更有效率的工作；而人類則可以慢慢轉型到「基於意識而產生」的創造性工作。

因此而產生的短暫失業問題，可能無法避免；但是隨著時間的改變，人類會創造出新的工作，從而逐漸解決短暫的失業問題。

機器學習與創新

在數學、邏輯、哲學三大科學方面，人工智慧和機器人在數學、邏輯方面可以超越人類，但是無法進入哲學的領域；因為哲學是建立在心智和意識之上的，而人工智慧再怎麼強大，仍然還無法擁有獨立的心智和意識。

況且機器人要透過深度學習才能夠得到智慧，而學習的材料還是需要靠人類提供。

雖然人工智慧在西洋棋或圍棋的領域，也可以不必透過學習前人的棋譜，就自己創造出全新的下法，而且是專業棋手從來沒有使用過的招數，但這還不能算是創新。

因為棋局的規則、棋盤、棋子都已經受到規範和限制；而在受限制的範圍之內，即使有新的招式，也只能算是創意。真正的創新，是在於突破棋局規則，或是發明全新的遊戲模式，而這一點只有擁有心智與意識的人類才能做到。

市場的法則

市場永遠是由「需求」與「供應」兩端所組成的。人工智慧和機器人或許可以取代人類在供應端的某些工作，使得產品或服務更有效率，有更大的產出，並且具有更高的品質。

但是在需求端，一定是以人類的需求為主流；人工智慧和機器人的需求與其相比，就微不足道了，可以忽略不計。

人類在自由市場的經濟模型裡，永遠是一個重要的角色；因為，人類有著生理和心理的需求。仔細分析現今的產品和服務就可以發現，滿足生理需求的產品比重越來越小，滿足心理需求的產品比重越來越大。

人工智慧和機器人在需求端，有什麼樣的生理和心理需求呢？我無法想像的是，一個在供應和需求兩端，都是由人工智慧和機器人構成的市場，將會如何存在？

另外一個重要的市場法則，就是在供應端不允許壟斷，競爭才會進步。如果在某個國家，甚至全球市場，供應端全部由人工智慧和機器人來組成，那麼就會形成壟斷，沒有競爭。

只要杜絕壟斷，鼓勵競爭，那麼人類在市場的供應端，仍然具有許多優勢。因為人類獨具的意識，就是產品差異和企業競爭的最主要來源；人工智慧和機器人因為沒有意識，也就不會有差異和競爭出現。

神人的出現

將來真的會如同哈拉瑞的預言，出現具有「神性」和「神力」的超級人類嗎？依他的說法，能夠壟斷大數據和演算法的企業老闆和國家領導者，最有可能透過生技、仿生工程、腦機介面（brain computer interface），和最先進的醫療科技，將自己變為神人，而其他所有人類就變成低等生物，不再具有任何重要性。

我並不否認這個可能性，但是企業需要受到法律的規範，科技也需要受到倫理道德的規範；如果政府能夠發揮作用、立法約束，那麼產生壟斷性大企業的可能性就降低了。

而國家領導人是否有可能透過掌握的權力與資源，將自己變為神人呢？唯一可能發生的地方，就是專制獨裁的國家。民主體制的國家，權力和資源都會受到監督與制衡，產生神人的可能性就非常低了。

解決方案

要避免哈拉瑞所預言的現象出現，我認為必須透過以下三股力量。

一、創新：

在固定的範圍和限制的規則內，人工智慧確實可以做到勝過人類的小規模創新，例如下棋、無人駕駛、無人飛機、門診醫療、法庭判例、投資分析等。

哈佛大學教授克雷頓・克里斯汀生（Clayton Christensen）在一九九七年的著作《創新的兩難》（*The Innovator's Dilemma*）中提出了「破壞式創新」（disruptive innovation）的概念，以及以此種創新技術衍生的各種應用場景。

這種由〇到一的創新科技，和成千上萬衍生自人類生理與心理需求的全新應用場景，就無法由需要學習而又沒有意識的人工智慧做到；因為，人工智慧沒有「想像力」。

二、創業：

或許人工智慧可以依據大數據分析，瞭解個別用戶的消費模式和使用習慣，以掌握更精準的消費需求，再進一步透過腦機介面，直接控制消費者產生需求。在這種情況下，似乎再怎麼厲害的人類行銷企劃專家，都無法與它競爭。

但是，透過相同的大數據、電腦的計算力與演算法、同樣的腦機介面技術，產生的行銷策略結果應該都會趨向一致，沒有差異；最後極可能會產生形成壟斷的單一標準，而不再有競爭。

如果消費者的需求可以被人工智慧操控，消費者就不會產生新的需求，市場的供應端就很容易被壟斷；於是造成一個沒有新需求、沒有新產品、不必有新競爭者出現的單一市場。

結果是，企業不必融資、沒有股票市場、沒有金融體系，造成經濟停滯的現象。不知道經濟學者將如何評論這樣的經濟體制？真的有可能發生嗎？

如果這樣的市場經濟體制真的會出現，唯一能夠避免的方法，就是鼓勵創業；唯有市場競爭能夠促進進步、避免壟斷。

一九九七年出版的暢銷書《富爸爸窮爸爸》（*Rich Dad, Poor Dad*）提到過：「聰明人要僱用比你更聰明的人，來幫你做事賺錢」。人工智慧已經在許多領域證明，比人類更聰明、更有智慧，所以這本書所說的道理，應該可以給我們一些啟發。

如果人類夠聰明的話，應該讓人工智慧為人類做事；如果反過來，是人類為人工智慧做事的話，那麼人類肯定會落入失業的困境裡。

未來的人類有二條路可以選：「創業」或是「就業」。如果是就業，就要懂得駕馭人工智慧，讓它為我所用，才不會發生工作被人工智慧取代的窘境；如果是創業，也要懂得讓人工智慧成為自己的核心能力，才能增強企業的核心競爭力。

一個健康的產業，必須要有許多大大小小的競爭者，才能繼續創新和進步。如同《長尾理論》（*The Long Tail*）一書所言，任何產業都會有許多形成「短頭」的大企業，也有無數小企業組成的「長尾」。

網路科技的發展，使得產業的創新與競爭起了重大的變化：不再是「大吃小」，而是「快吃慢」。究其原因，可以總結成一句話，就是「創新來自長尾」，也就是科技讓小企業更有競爭力。

三、走向民主化的政府和科技：

奉行資本主義和自由市場的民主體制國家，才能夠鼓勵創新和創業，才會訂定科技發展的道德規範與規則，避免科技和市場的壟斷。

通常在一個創新科技「誕生」的階段，新科技應用都由少數人開始；也因為如此，新科技的能力和使用都掌握在少數人手裡，這時候就如同「專制體制」階段。

隨著產品和技術生命週期的發展，進入「快速成長期」時，各種新應用如百花齊放、百鳥齊鳴，沒有單一標準，就如同進入「民主體制」。

科技的專制到民主

讓我用三個例子來說明。

當電話剛出現的時候，企業和家庭使用「固定電話」都必須透過電信局的撥接，這就如同專制獨裁階段；接著出現了「按鍵電話」，企業和家庭用戶就擁有了自己的交換機（PBX），可以同時使用多個號碼，脫離電信局的控制，這就朝向「民主化」跨了一步。

接著出現了使用數位增強無線通訊技術（digital enhanced cordless telecommunications, DECT）的「無線電話」，使話筒脫離了話機，讓用戶可以在室內移動。最後出現了手機，不但可以在戶外行動中使用，更可以讓用戶下載各種app到手機中使用，實現了通信的「自由化」。

另外一個例子就是電腦，早期問世的電腦是「大型主機」，接著出現迷你電腦，將計算能力分散到更多的企業用戶。這時候的電腦使用都要透過MIS部門的控制，就像「專制體制」一樣，使用者必須使用連接到電腦主機的終端機，所以只要MIS部門關機，就無法使用了。然後推出了智慧終端，讓本地用戶在終端上有計算和儲存的能力，脫離了主機的控制；即使主機關閉了，終端用戶仍可使用。這就是「民主化」的第一步。

接著出現了桌上型電腦，大幅增加了使用者的本地計算和儲存功能；而進入千家萬戶的個人電腦，就達到了「民主化」。

最後出現了筆記型電腦和平板電腦，讓使用者可以在戶外使用並且自由移動，這就達到了「自由化」。

新科技的發展，如同政治潮流一般，一定會從「專制體制」走向「民主化」和「自由化」。

如果新科技和政府都實現了民主化和自由化，那麼哈拉瑞所預測的，具有神性和神力的少數超人類，就不可能出現。

總結

哈拉瑞所擔憂的是：人類在二十一世紀末會被少數的超級人類控制，變成低等生物，人類就形同滅亡了。

要避免發生這個現象，我提出的解決方案就是：要鼓勵人類更加「創新」和更多「創業」；科技發展和政府體制，都必須更加「民主化」和「自由化」。

這本書強調了創新的重要性，要增強人類的創新能力，就要從「第一人生」階段，培養學生的「想像力」開始。

進入第二人生以後，則強調「跨界才能創新」，因此本書有許多章節都強調，從製造業看服務業的創新，從科技業看傳統產業的創新，從企業看政府、政黨和宗教的創新，各方面的重要性。

Metaverse（目前多數人稱之為「元宇宙」）是個結合虛擬和實體世界的「創新」科技，創造商機增加「創業」機會外，還可以打破性別、種族、階級、民族、國家等等的界線和藩籬，使全世界更加「民主化」和「自由化」。

要避免哈拉瑞的預測成真，就必須從「創新」開始，因此我選擇了「創新有理」來作為本書的書名。

新商業周刊叢書BW0799

創新有理
程天縱讓創新遍地開花的心法與實踐

作　　者／程天縱
編輯協力／傅瑞德
責任編輯／鄭凱達
企劃選書／陳美靜
版　　權／吳亭儀
行銷業務／周佑潔、林秀津、黃崇華、賴正祐、吳書慧

總 編 輯／陳美靜
總 經 理／彭之琬
事業群總經理／黃淑貞
發 行 人／何飛鵬
法律顧問／台英國際商務法律事務所　羅明通律師
出　　版／商周出版
臺北市104民生東路二段141號9樓
電話：(02) 2500-7008　傳真：(02) 2500-7759
E-mail: bwp.service @ cite.com.tw
發　　行／英屬蓋曼群島商家庭傳媒股份有限公司　城邦分公司
臺北市104民生東路二段141號2樓
讀者服務專線：0800-020-299　24小時傳真服務：(02) 2517-0999
讀者服務信箱E-mail: cs@cite.com.tw
劃撥帳號：19833503　戶名：英屬蓋曼群島商家庭傳媒股份有限公司城邦分公司
訂購服務／書虫股份有限公司客服專線：(02) 2500-7718；2500-7719
服務時間：週一至週五上午09:30-12:00；下午13:30-17:00
24小時傳真專線：(02) 2500-1990；2500-1991
劃撥帳號：19863813　戶名：書虫股份有限公司
E-mail: service@readingclub.com.tw
香港發行所／城邦（香港）出版集團有限公司
香港灣仔駱克道193號東超商業中心1樓
電話：(852) 2508-6231　傳真：(852) 2578-9337
馬新發行所／城邦（馬新）出版集團
Cite (M) Sdn. Bhd.
41, Jalan Radin Anum, Bandar Baru Sri Petaling, 57000 Kuala Lumpur, Malaysia.
電話：(603) 9057-8822　傳真：(603) 9057-6622　E-mail: cite@cite.com.my

國家圖書館出版品預行編目（CIP）資料

創新有理：程天縱讓創新遍地開花的心法與實踐／程天縱著. -- 初版. -- 臺北市：商周出版：英屬蓋曼群島商家庭傳媒股份有限公司城邦分公司發行, 2022.02
面；　公分. --（新商業周刊叢書；BW0799）
ISBN 978-626-318-129-8（平裝）
1.CST: 企業領導　2.CST: 企業管理
3.CST: 職場成功法
494.2　　110022196

線上版讀者回函卡

封面設計／FE Design葉馥儀　　內頁設計／無私設計・洪偉傑
印　　刷／鴻霖印刷傳媒股份有限公司
經 銷 商／聯合發行股份有限公司　電話：(02) 2917-8022　傳真：(02) 2911-0053
地址：新北市新店區寶橋路235巷6弄6號2樓

■2022年2月10日初版1刷　Printed in Taiwan
定價400元

ISBN: 978-626-318-129-8（紙本）　ISBN: 978-626-318-132-8（EPUB）

城邦讀書花園
www.cite.com.tw